住房城乡建设部土建类学科专业"十三五"规划教材
教育部高等学校建筑电气与智能化专业
教学指导分委员会规划推荐教材

建筑物联网技术

张振亚　王　萍　张红艳　王菲露　编著

中国建筑工业出版社

图书在版编目(CIP)数据

建筑物联网技术/张振亚等编著. —北京:中国
建筑工业出版社,2021.8(2024.9重印)
住房城乡建设部土建类学科专业"十三五"规划教材
教育部高等学校建筑电气与智能化专业教学指导分委员会
规划推荐教材
ISBN 978-7-112-26385-1

Ⅰ.①建… Ⅱ.①张… Ⅲ.①物联网-应用-建筑工
程-研究-高等学校-教材 Ⅳ.①TU-39

中国版本图书馆 CIP 数据核字(2021)第 147341 号

本书以基本概念与实践并重的方式,详细介绍了建筑智能化、物联网关键技术、基于
物联网技术的建筑智能化应用、物联网工程设计与实践等。其主要内容包括:绪论、感知
系统设计与实现、接入与汇聚程序设计与实现、数据存储系统技术、应用系统设计等。本
书内容丰富,具有较强的实用性。

为了有效促进与支撑该纸质教材内容的深入学习与全面掌握,本书配套提供了与纸质
教材各章节教学内容相应的电子课件,获取方式见封底。本书软件开发的必需材料,请加
qq群:761305745,关于本书的讨论也可在群中进行。

本书可以作为高等学校建筑电气与智能化本科专业、物联网工程专业的教材,还可以
作为相关专业及有关工程技术人员、大学生科技创新创业活动参考用书。

责任编辑:张　健
文字编辑:胡欣蕊
责任校对:姜小莲

住房城乡建设部土建类学科专业"十三五"规划教材
教育部高等学校建筑电气与智能化专业教学指导分委员会规划推荐教材

建筑物联网技术
张振亚　王　萍　张红艳　王菲露　编著

*

中国建筑工业出版社出版、发行(北京海淀三里河路9号)

各地新华书店、建筑书店经销

北京科地亚盟排版公司制版

建工社(河北)印刷有限公司印刷

*

开本:787毫米×1092毫米　1/16　印张:12¼　字数:306千字
2021年8月第一版　2024年9月第二次印刷
定价:**38.00**元(赠教师课件)
ISBN 978-7-112-26385-1
(37895)

教材编审委员会

主　　任：方潜生

副主任：寿大云　任庆昌

委　　员：（按姓氏笔画排序）

于军琪　王　娜　王晓丽　付保川　杜明芳

李界家　杨亚龙　肖　辉　张九根　张振亚

陈志新　范同顺　周　原　周玉国　郑晓芳

项新建　胡国文　段春丽　段培永　郭福雁

黄民德　韩　宁　魏　东

序

自 20 世纪 80 年代智能建筑出现以来,智能建筑技术迅猛发展,其内涵不断创新丰富,外延不断扩展渗透,已引起世界范围内教育界和工业界的高度关注,并成为研究热点。进入 21 世纪,随着我国国民经济的快速发展,现代化、信息化、城镇化的迅速普及,智能建筑产业不但完成了"量"的积累,更是实现了"质"的飞跃,已成为现代建筑业的"龙头",为绿色、节能、可持续发展做出了重大的贡献。智能建筑技术已延伸到建筑结构、建筑材料、建筑能源以及建筑全生命周期的运营服务等方面,促进了"绿色建筑""智慧城市"日新月异的发展。

坚持"节能降耗、生态环保"的可持续发展之路,是国家推进生态文明建设的重要举措。建筑电气与智能化专业承载着智能建筑人才培养的重任,肩负着现代建筑业的未来,且直接关系到国家"节能环保"目标的实现,其重要性愈加凸显。

全国高等学校建筑电气与智能化学科专业指导委员会十分重视教材在人才培养中的基础性作用,多年来下大力气加强教材建设,已取得了可喜的成绩。为进一步促进建筑电气与智能化专业建设和发展,根据住房和城乡建设部《关于申报高等教育、职业教育土建类学科专业"十三五"规划教材的通知》(建人专函〔2016〕3 号)精神,建筑电气与智能化学科专业指导委员会依据专业标准和规范,组织编写建筑电气与智能化专业"十三五"规划教材,以适应和满足建筑电气与智能化专业教学和人才培养需求。

该系列教材的出版目的是为培养专业基础扎实、实践能力强、具有创新精神的高素质人才。真诚希望使用本规划教材的广大读者多提宝贵意见,以便不断完善与优化教材内容。

全国高等学校建筑电气与智能化学科专业指导委员会

主任委员

方潜生

前　　言

近年来，随着物联网产品的成本持续降低，越来越多的建筑设施基于物联网技术实现了与互联网络的连接。同时，伴随着云计算、大数据、人工智能技术的发展、成熟与应用，在建筑物中启用物联网技术的意愿也越来越强烈。物联网化的建筑已经成为智慧社会的一类基础设施。通过物联网化，建筑物、建筑设施、建筑物内人员乃至建筑物的构建过程在数据层面和管理层面耦合愈发密切。伴随着建筑的物联网化，建筑设施、建筑物可以更智能地运行，预期功能充分达成；建筑物内，用户更多的个性化需求可以被满足；物业管理人员可以对建筑设施、建筑环境、建筑附属设施实施更智慧的运行管理；建筑公司可以确保其人员和资产尽可能高效地被利用，同时保护工人并满足合规性要求等，不一而足。

"建筑物联网技术"课程是针对本科层次建筑电气与智能化专业、物联网工程专业学生开设的一门选修课程。课程立足建筑物联网的实践需求，课程讲授内容一般按照物联网概念、建筑智能化概念、基于物联网的建筑设施系统简介组织。综合多年的教学实践，为使学生能够更深刻地认识建筑物联网，本书在介绍建筑与智能建筑、智能家居、智慧城市等物联网技术概念基础上，综合智能建筑工程实践中物联网技术的应用，对建筑设施、物业管理、智能家居的物联网解决方案进行了架构性介绍。为促进学生深入了解并掌握建筑物联网化的关键技术，本书结合建筑环境中温度湿度信息的感知、传输、处理过程的实现，尝试从感知、接入、传输、数据处理层次梳理了建筑物联网化的架构与实现。这不仅支持了课程的实验教学，还可以供感兴趣的同学以自主学习的形式理解并掌握建筑物联网的架构和关键技术。

本书第1章由张振亚、王萍、谢陈磊负责编写，第2章由谢陈磊负责编写，第3章由王萍负责编写，第4章由张振亚负责编写，第5章由张红艳、王菲露负责编写。本书的主审为中国科学技术大学的王上飞教授。课时安排：若总课时为32课时，建议第1章16课时，第2章4课时，第3章6课时，第4章2课时，第5章4课时；若总课时为24课时（建议物联网应用的实现由学生自主学习），建议第1章16课时，第2章2课时，第3章2课时，第4章2课时，第5章2课时。当然，也可以根据需求，选择其中的一部分内容重点讲授。

本书不仅适用于建筑电气与智能化本科专业的学生了解物联网技术、建筑物联网构建的体系结构，还适用于物联网工程专业的学生了解建筑智能化的需求与建筑物联网实践。同时，本书中第2、3、5章中物联网应用的设计与实现过程不仅可以供建筑物联网应用、Arduino应用开发者参考，还可以供大学生科技创新创业活动参考。

由于时间和编者学识有限，书中不足之处在所难免，敬请各位同行、专家和读者指正。

目　　录

第1章 绪 论

1.1 建筑智能化

1.1.1 建筑

建筑是人们为了满足社会生活需要，利用所掌握的物质技术手段，并运用一定的科学规律、风水理念和美学法则创造的人工环境。从功能上区分，建筑可以分为"建筑物"和"非建筑构筑物"两类。

（1）建筑物是指房屋。房屋是指有基础、墙、顶、门、窗，能够遮风避雨，供人在内居住、工作、学习、娱乐、储藏物品或进行其他活动的空间场所。

（2）非建筑构筑物没有可供人们使用的内部空间，人们一般不直接在内进行生产和生活活动，如烟囱、水塔、桥梁、水坝、雕塑等。

有时将"建筑物"称作是狭义建筑物，而将"建筑物"和"非建筑结构物"统称为广义建筑物。无论"建筑物"还是"非建筑结构物"，建筑都兼备实用、坚固、美观特性，这使得建筑的特点具有：①符合人们的一般使用要求并满足人们的特殊活动要求；②构造坚固耐久；③通过建筑物的形式传达经验感受和思想情操等。

建筑的对象大到包括区域规划、城市规划、景观设计等综合的环境设计构筑、社区形成前的相关营造过程，小到室内的家具、小物件等制作。而其通常的对象为一定场地内的单位。

在建筑学和土木工程的范畴里，"建筑"是指兴建建筑物或发展基建的过程。一般来说，每个建筑项目都会由项目经理和建筑师负责统筹，由各级的承建商、分包商（Sub-contractor）、工程顾问、建筑师（Architect）、工料测量师（Quantiy Surveying）、结构工程师等专业人员（专业人士）负责监督。为确保建筑项目的实施，需要从项目开始设计到项目完成的每一个阶段考虑建筑行为对环境的影响，同时对建筑日程安排、资金安排、建筑安全、建筑材料的运输和使用、工程延误以至投标文件的准备等诸多环节认真规划并确保实施。

建筑物种类繁多，通常可以按照建筑物的功能和使用性质、建筑物的层数或总高度、建筑结构、施工方法分类。

（1）按照建筑物的功能和使用性质，建筑物可以分为居住建筑、公共建筑、工业建筑、农业建筑等。其中，居住建筑是指供家庭或个人较长时期居住使用的建筑，又可分为住宅（住宅分为普通住宅、高档公寓和别墅）和集体宿舍两类（集体宿舍分为单身职工宿舍和学生宿舍）；公共建筑是指供人们购物、办公、学习、医疗、旅行、体育等使用的非生产性建筑，如办公楼、商店、旅馆、影剧院、体育馆、展览馆、医院等；工业建筑是指供工业生产使用或直接为工业生产服务的建筑，如厂房、仓库等；农业建筑是指供农业生产使用或直接为农业生产服务的建筑，如料仓、养殖场等。

（2）按照建筑物的层数或总高度也可以将建筑物分类。对住宅，按层数分为低层住宅（1～3层）、多层住宅（4～6层）、中高层住宅（7～9层）、高层住宅（10层及以上）。其中，房屋层数是指房屋的自然层数，一般按室内地坪±0.00以上计算；采光窗在室外地坪以上的半地下室，其室内层高在2.20m以上（不含2.20m）的计算自然层数。假层、附层（夹层）、插层、阁楼、装饰性塔楼以及凸出屋面的楼梯间、水箱间，不计层数。房屋总层数为房屋地上层数与地下层数之和。对公共建筑及综合性建筑，总高度超过24m为高层，但不包括总高度超过24m的单层建筑。建筑总高度超过100m的，不论是住宅还是公共建筑、综合性建筑，均称为超高层建筑。

（3）建筑结构是指建筑物中由承重构件（基础、墙体、柱、梁、楼板、屋架等）组成的体系。依据建筑结构的不同可以将建筑物分为：①砖木结构建筑：这类建筑物的主要承重构件是用砖木做成的，其中竖向承重构件的墙体和柱采用砖砌，水平承重构件的楼板、屋架采用木材。这类建筑物的层数一般较低，通常在3层以下。古代建筑和20世纪50～60年代的建筑多为此种结构。②砖混结构建筑：这类建筑物的竖向承重构件采用砖墙或砖柱，水平承重构件采用钢筋混凝土楼板、屋顶板，其中也包括少量的屋顶采用木屋架。这类建筑物的层数一般在6层以下，造价低、抗震性差，开间、进深及层高都受限制。③钢筋混凝土结构建筑：这类建筑物的承重构件如梁、板、柱、墙、屋架等，由钢筋和混凝土两大材料构成。其围护构件如墙、隔墙等是由轻质砖或其他砌体做成的。其特点是结构适应性强、抗震性好、经久耐用。钢筋混凝土结构房屋的种类有框架结构、框架—剪力墙结构、剪力墙结构、筒体结构、框架—筒体结构和筒中筒结构。④钢结构建筑：这类建筑物的主要承重构件均是由钢材构成，其建筑成本高，多用于多层公共建筑或跨度大的建筑。

（4）建筑物的施工方法是指建造建筑物时所采用的方法。按照建筑物的施工方法，建筑物可以分为：①现浇现砌式建筑：这种建筑物的主要承重构件均是在施工现场浇筑和砌筑而成；②预制装配式建筑：这种建筑物的主要承重构件是在加工厂制成的预制构件，在施工现场进行装配而成；③部分现浇现砌、装配式建筑：这种建筑物的一部分构件（如墙体）是在施工现场浇筑或砌筑而成，另一部分构件（如楼板、楼梯）则采用在加工厂制成的预制构件。虽然物联网技术可以应用于建筑物的构建与构造活动，但是通常建筑物联网更关注为提升建筑物以及非建筑构筑物的功能与品质时物联网技术的应用。

1.1.2 建筑智能化

《智能建筑设计标准》GB 50314—2015中对智能建筑的定义如下："以建筑物为平台，基于对各类智能化信息的综合应用，集架构、系统、应用、管理及优化组合为一体，具有感知、传输、记忆、推理、判断和决策的综合智慧能力，形成以人、建筑、环境互为协调的整合体，为人们提供安全、高效、便利及可持续发展功能环境的建筑。"显然，智能建筑是为了实现建筑物的安全、高效、便捷、节能、环保、健康等属性，而建筑智能化系统的构建是智能建筑实现的支撑。

建筑智能化系统以建筑为平台，兼备建筑设备、办公自动化及通信网络三大系统，集结构、系统、服务、管理及它们之间最优化组合，向人们提供一个安全、高效、舒适、便利的建筑环境。建筑智能化系统在实现时，利用现代通信技术、信息技术、计算机网络技术、监控技术等，通过对建筑和建筑设备的自动检测与优化控制、信息资源的优化管理，实现对建筑物的智能控制与管理，以满足用户对建筑物的监控、管理和信息共享的需求，从而使智能建筑具有安全、舒适、高效和环保的特点，达到投资合理、适应信息社会需要的目标。

智能建筑是随着人类对建筑内外信息交换、安全性、舒适性、便利性和节能性的要求产生的。智能建筑及节能行业强调用户体验，具有内生发展动力。建筑智能化提高客户工作效率，提升建筑适用性，降低使用成本，已经成为发展趋势。我国建筑业产值的持续增长推动了建筑智能化行业的发展，智能建筑行业市场在 2005 年首次突破 200 亿元之后，也以每年 20％ 以上的增长态势发展。同时，我国城镇化建设的不断推进，也给智能建筑的发展提供了沃土。我国平均每年要建 20 亿 m² 左右的新建建筑，预计这一过程还要持续 25～30 年。目前，我国智能建筑行业仍处于快速发展期，随着技术的不断进步和市场领域的延伸以及人们生活水平的改善与提升，未来智能建筑市场前景和拓展空间仍然巨大。

1.1.3　智能家居

智能家居（Smart Home，Home Automation）是以住宅为平台，利用综合布线技术、网络通信技术、安全防范技术、自动控制技术、音视频技术，将家居生活有关的设施集成，构建高效的住宅设施与家庭日程事务的管理系统，提升家居安全性、便利性、舒适性、艺术性，并实现环保节能的居住环境。

智能家居通过互联网技术或物联网技术将家中的各种设备（如音视频设备、照明系统、窗帘控制、空调控制、安防系统、数字影院系统、影音服务器、影柜系统、网络家电等）连接到一起，提供家电控制、照明控制、电话远程控制、室内外遥控、防盗报警、环境监测、暖通控制、红外转发以及可编程定时控制等多种功能和手段。与普通家居相比，智能家居不仅实现家居的居住功能，而且通过集成建筑、网络通信、信息家电、设备自动化为一体，可以提供全方位的信息交互功能，提升了家居的舒适性、便利性、安全性、艺术性，并可促进家居运行的环保节能。

智能家居概念起源很早，随着计算机控制技术、互联网络技术以及物联网技术的发展，智能家居的实现被赋予了丰富的内涵和实现方式。主要有：

1. 家庭自动化

家庭自动化系指利用微处理电子技术，集成或控制家中的电子电器产品或系统，例如：照明灯、咖啡炉、电脑设备、保安系统、暖气及冷气系统、视讯及音响系统等。家庭自动化系统主要是以一个中央微处理机接收来自相关电子电器产品的信息（外界环境因素的变化，如太阳初升或西落等所造成的光线变化等）后，再以既定的程序发送适当的信息给对应电子电器产品。中央微处理机必须透过许多界面来控制家中的电器产品，这些界面可以是键盘，也可以是触摸式荧幕、按钮、电脑、电话机、遥控器等。消费者可发送信号至中央微处理机，或接收来自中央微处理机的信号。

家庭自动化系统是智能家居的一个重要系统，在智能家居刚出现时，家庭自动化甚至就等同于智能家居，是智能家居的核心之一。但随着网络技术在智能家居的普遍应用，网络家电/信息家电的成熟，家庭自动化的许多产品功能将融入这些新产品中去，从而使单纯的家庭自动化产品在系统设计中越来越少，其核心地位也将被家庭网络/家庭信息系统所代替。家庭自动化系统将作为家庭网络中的控制网络部分在智能家居中发挥作用。

2. 家庭网络

首先需要把这个家庭网络和纯粹的"家庭局域网"进行区分。家庭网络是指连接家庭里的 PC、各种外部设备与因特网互联的网络系统，家庭局域网只是家庭网络的一个组成部分。在家庭范围内（可扩展至邻居、小区），家庭网络将 PC、家电、安全系统、照明系统和广域网相连接。目前，家庭网络所采用的连接技术可以分为"有线"和"无线"两大类。有线方案主要包括：双绞线或同轴电缆连接、电话线连接、电力线连接等；无线方案主要包括：红外线连接、无线电连接、基于 RF 技术的连接和基于 PC 的无线连接等。相比传统的办公网络来说，家庭网络加入了很多家庭应用产品和系统，如家电设备、照明系统，因此相应技术标准也错综复杂。

3. 网络家电

利用数字技术、网络技术及智能控制技术设计，可以将普通的家用电器改造为网络家电。作为新型家电产品的网络家电，可以使用合适的通信协议实现互联，进而组成一个家庭网络。而且，这个家庭网络还可以与外部互联网相连接。显然，网络家电技术包括两个层面：

（1）实现家电之间的互连。智能家居范围内，家电的互连可以使不同家电之间能够互相识别，协同工作；

（2）解决家电网络与外部网络的通信，使家庭中的家电网络真正成为外部网络的延伸。

要实现家电间互联和信息交换，需要解决两个问题：①描述家电工作特性的产品模型，使得数据交换具有特定含义；②信息传输的网络媒介。关于网络媒介，可选择的方案有电力线、无线射频、双绞线、同轴电缆、红外线、光纤等。比较可行的网络家电包括网络冰箱、网络空调、网络洗衣机、网络热水器、网络微波炉、网络炊具等。充分融合到家庭网络是网络家电的发展趋势

4. 信息家电

信息家电是一类价格低廉、操作简便、实用性强、带有 PC 主要功能的家电产品。信息家电是电脑、电信和电子技术与传统家电（包括白色家电：电冰箱、洗衣机、微波炉等和黑色家电：电视机、录像机、音响、VCD、DVD 等）相结合的创新产品，是为数字化与网络技术更广泛地深入家庭生活而设计的新型家用电器。常见的信息家电主要有 PC、机顶盒、HPC、DVD、无线数据通信设备、WebTV、网络电话等。所有能够通过网络系统交互信息的家电产品，都可以称之为信息家电。

音频、视频和通信设备是信息家电的主要组成部分。在传统家电基础上，将信息技术融入传统家电当中，使其功能更加强大，使用更加简单、方便和实用，为家庭生活创造更高品质的生活环境。

从广义角度来定义，信息家电产品实际上包含了网络家电产品。但是也可以从狭义的角度来简单定义信息家电：信息家电是一类带有嵌入式处理器的小型家用（个人用）信息设备。它的基本特征是与网络（主要指互联网）相连而有一些具体功能，可以是成套产品，也可以是一个辅助配件。类似模拟电视发展成数字电视、VCD 变成 DVD 的过程，电冰箱、洗衣机、微波炉等也将会变成数字化、网络化、智能化的信息家电。相比较于信息家电，网络家电更多的是指具有网络操作功能的家电类产品，这种家电可以理解是我们原来普通家电产品的升级。

智能家居网络随着集成技术、通信技术、互操作能力和布线标准的实现而不断改进。它涉及对家庭网络内所有的智能家具、设备和系统的操作、管理以及集成技术的应用。其

技术特点表现如下：

（1）通过家庭网关及其系统软件建立智能家居平台系统

家庭网关是智能家居局域网的核心部分，主要完成家庭内部网络各种不同通信协议之间的转换和信息共享，以及与外部通信网络之间的数据交换功能，同时网关还负责家庭智能设备的管理和控制。

（2）统一的平台

利用计算机技术、微电子技术、通信技术，家庭智能终端将家庭智能化的所有功能集成起来，使智能家居建立在一个统一的平台之上。首先，实现家庭内部网络与外部网络之间的数据交互；其次，还要保证能够识别且通过网络传输的指令是合法的指令，而不是"黑客"的非法入侵。因此，家庭智能终端既是家庭信息的交通枢纽，又是信息化家庭的"保护神"。

（3）通过外部扩展模块实现与家电的互连

为实现家用电器的集中控制和远程控制功能，家庭智能网关通过有线或无线的方式，按照特定的通信协议，借助外部扩展模块控制家电或照明设备。

（4）嵌入式系统的应用

以往的家庭智能终端绝大多数是由单片机控制的。随着新功能的增加和性能的提升，将处理能力大大增强的具有网络功能的嵌入式操作系统和单片机的控制软件程序做了相应的调整，使之有机地结合成完整的嵌入式系统。

衡量一个智能家居系统成功与否，并非仅仅取决于智能化系统的多少、系统的先进性或集成度，而是取决于系统的设计和配置是否经济合理并且系统能否成功运行，系统的使用、管理和维护是否方便，系统或产品的技术是否成熟适用。换句话说，就是如何以最少的投入、最简便的实现途径来换取最大的功效，实现便捷、高质量的生活。为了实现上述目标，智能家居系统设计时要遵循以下原则：

（1）实用便利

智能家居最基本的目标是为人们提供一个舒适、安全、方便和高效的生活环境。对智能家居产品来说，最重要的是以实用为核心，摒弃掉那些华而不实，只能充作摆设的功能，产品以实用性、易用性和人性化为主。

在设计智能家居系统时，应根据用户对智能家居功能的需求，整合最实用、最基本的家居控制功能，包括：智能家电控制、智能灯光控制、电动窗帘控制、防盗报警、门禁对讲、煤气泄漏等，同时还可以拓展诸如三表抄送、视频点播等服务增值功能。个性化智能家居的控制方式丰富多样，比如：本地控制、遥控控制、集中控制、手机远程控制、感应控制、网络控制、定时控制等，其本意是让人们摆脱繁琐的事务，提高效率。如果操作过程和程序设置过于繁琐，容易让用户产生排斥心理。所以在对智能家居的设计时，一定要充分考虑到用户体验，注重操作的便利化和直观性，最好能采用图形图像化控制界面，让操作所见即所得。

（2）标准性

智能家居系统方案的设计应依照国家和地区的有关标准进行，确保系统的扩充性和扩展性，在系统传输上采用标准的 TCP/IP 协议网络技术，保证不同厂商之间系统可以兼容与互联。系统的前端设备是多功能的、开放的、可以扩展的设备。如系统主机、终端与模块采用标准化接口设计，为家居智能系统外部厂商提供集成的平台，而且其功能可以扩展，当需要增加功能时，不必再开挖管网，简单可靠、方便节约。设计选用的系统和产品能够使本系统与未来不断发展的第三方受控设备进行互通互连。

（3）方便性

家庭智能化有一个显著的特点，就是安装、调试与维护的工作量非常大，需要投入大量的人力、物力，成为制约行业发展的瓶颈。针对这个问题，系统在设计时，就应考虑安装与维护的方便性，比如系统可以通过 Internet 远程调试与维护。通过网络，不仅使住户能够实现家庭智能化系统的控制功能，还允许工程人员在远程检查系统的工作状况，对系统出现的故障进行诊断。这样，系统设置与版本更新可以在异地进行，从而大大方便了系统的应用与维护，提高了响应速度，降低了维护成本。

（4）轻巧型

"轻巧"型智能家居产品，顾名思义它是一种轻量级的智能家居系统。简单、实用、灵巧是它最主要的特点，也是其与传统智能家居系统最大的区别。所以我们一般无需施工部署，将功能可自由搭配组合且价格相对便宜、可直接面对最终消费者销售的智能家居产品称为"轻巧"型智能家居产品。

随着人工智能、大数据、物联网等新兴技术的进步，智能化应用于社会生活的方方面面，越来越多的人开始追求高品质的生活，家居行业也聚焦于智能化发展，吸引各类资本入局智能家居产品研发，智能家居市场呈现出百家争鸣的局面。智能化家居行业的热度愈发高涨，再加上技术、政策推动，智能化浪潮给大众的生活、消费方式造成巨大颠覆，智能家居行业"火苗"蠢蠢欲动。相比销售火热的智能单品，全屋智能的市场处境稍显尴尬；相比火爆的智能家居概念，智能家居的落地稍显落寞。市场渗透率低、消费者认知不足、行业标准尚未统一、产品系统不够稳定成为行业内亟待解决的难题。虽然智能家居前景可期，纵观智能家居市场，整体发展也趋于良性，但目前该行业还处于外热内冷、冰火两重天的尴尬境地，星星之火尚难以形成燎原之势，让很多消费者直呼"智能家居是一个伪命题"。智能家居行业亟待解决的关键问题主要有：

（1）制定关于智能家居的标准

标准之争实质是市场之争。多年前发达国家就有了智能家居的概念和标准，当时的标准偏重安防随着通信技术和网络技术的发展，传统的建筑产业与 IT 产业有了深度的融合，智能家居的概念才得以真正发展。中国的居住环境与发达国家不同，中国的智能小区概念及其实施标准更带有很强的中国特色。目前，国家质检总局、国家标准委批准发布了《物联网智能家居 图形符号》GB/T 34043—2017、《物联网智能家居 设备描述方法》GB/T 35134—2017 和《智能家居自动控制设备通用技术要求》GB/T 35136—2017 三项智能家居系列国家标准，为我国智能家居提供了新标准，进一步规范了我国智能家居市场。

（2）产品标准化

目前，中国境内的家居智能控制系统产品很多，据估计有数百个品种，小至 3～5 人的小公司，大至几千人的国企，都有人涉足家居智能化产品的研发、生产。于是，中国就产生了几百个互不兼容的标准，至今还没有一个能够占领国内市场 10% 的家居智能控制系统产品。随着市场竞争的加剧，大部分中小企业会被迫退出这个市场，但他们已安装在小区内的产品将无备品备件可供维修，受害者是业主或用户。由此可见，推进标准化进程是智能化行业的必由之路，也是当务之急。

（3）个性化

在公众生活的模式中，家居生活是最能体现个性化的，无法用一种标准公式去约定大家的家庭生活，只能去适应它。这就决定个性化是家居智能控制系统的生命所在。

（4）家电化

家居智能控制产品有些已变成了家用电器，有些正在变成家用电器，IT厂商和家电厂商倾力推出的"网络家电"就是网络与家电结合的产物。

1.1.4 智慧城市

一个区域作为城市必须有规范性，城市也叫城市聚落，是以非农业产业和非农业人口集聚形成的较大居民点。人口较稠密的地区称为城市，一般包括了住宅区、工业区和商业区并且具备行政管辖功能。城市的行政管辖功能可能涉及较其本身更广泛的区域，其中有居民区、街道、医院、学校、公共绿地、写字楼、商业卖场、广场、公园等公共设施。

纵观城市的形成与发展，城市的主体经济形式也从农业经济、工业经济、服务业经济渐次演进，生产性服务业具有生产性、网络性和城市聚集性等特点，推进了城市主体的演变，城市的主体经历了从农民到工人、从工人到生产者的演变。而伴随着城镇化率超过50％，第三产业的比例超过其他产业，城市的主体发生了质的变化。城市的主体既是生产者也是消费者，这个阶段，城市形态演变为服务型社会形态。所谓服务型社会，是指所有部门或行业，所有生产或消费的运行、管理与经营等均在服务的标准下，以服务为理念、以服务为手段、以服务为形式、以服务为目的，方能取得成功的这样一种社会类型。这种社会类型要求任何一个行为主体必须要以服务为理念进行经济社会行动，他们对社会或客户提供劳务品的支撑形式是服务；任何一个行为主体对社会或客户提供劳务品的工作方式是服务；任何一个行为主体对社会或客户提供劳务品的评价尺度也是服务；任何一个行为主体对社会或客户提供劳务品的成功关键还是服务。在这里，服务成为衡量当代社会的运行标准，服务贯穿于整个社会运行之中。

智慧城市是服务型城市实现的新模式。概括地解释是：智慧城市通过综合运用现代科学技术、整合信息资源、统筹业务应用系统，加强城市规划、建设和管理，是一种新的城市管理和服务的生态系统，为公众创造绿色、和谐环境，提供泛在、便捷、高效服务的城市形态。

智慧城市是运用物联网、云计算、大数据等新一代信息技术，促进城市规划、建设、管理和服务智慧化的新理念和新模式。具体来说就是以推进城市实体基础设施和信息基础设施相融合、城市智能基础设施为基础，以物联网、云计算、新一代移动通信、宽带接入，下一代互联网等新一代信息通信技术在城市经济社会发展各领域的充分运用、深度融合为主线，以最大限度地开发、整合、融合、共享和利用各类城市信息资源为核心，以为居民、企业和社会提供及时、互动、高效的信息服务为手段，以促进城市规划设计科学化、基础设施智能化、运行管理精细化、公共服务普惠化和产业发展现代化为宗旨，通过构建城市运行的综合信息化管理体系，实现智慧的感知、建模、分析、集成和处理，以更加精细和动态的方式提升城市运行管理水平、政府行政效能、公共服务能力和市民生活品质。

从政府角度，就是要解决城市发展面临的各种管理问题，促使城市"不得病""少得病"和"快治病"，保障城市健康和谐发展；从企业角度，就是要利用智慧城市技术手段，提升企业自身运营效力、降低运营成本、提升竞争力；从群众角度，就是要让人民群众感受到智慧城市带来的"便民""利民"和"惠民"，给人民群众生活方式带来更好的变化。

智慧城市是把新一代信息技术充分运用在城市中各行各业，基于知识社会下一代创新的城市信息化高级形态。即把新一代 IT 技术运用到各行各业，把传感器嵌入到各种各样的物体中，把互联网、通信网与装有传感器的各种设备物件普遍链接起来，形成史无前例的物联网及人类社会与物理系统的整合。智慧城市基于物联网、云计算等新一代信息技术以及维基、社交网络、FabLab、LivingLab、综合集成法等工具和方法的应用，营造有利于创新涌现的生态，实现全面透彻的感知、宽带泛在的互联、智能融合的应用以及以用户创新、开放大众创业、万众创新、协同创新为特征的可持续创新。利用信息和通信技术令城市生活（ICT）更加智能，高效利用资源，导致成本和能源的节约，改进服务交付和生活质量，减少对环境的影响，支持创新和低碳经济，实现智慧技术高度集成、智慧产业高端发展、智慧服务高效便民、以人为本持续创新，完成从数字城市向智慧城市的跃升。

智慧城市建设与规划应围绕提升城市功能和品质，参照图 1-1 示意的智慧城市建设体系结构，围绕感知层、通信层、数据及服务支撑层、应用层等四个层次以及标准规范体系、安全保障体系、运营与运行管理体系等三个体系，从系统性、可控性、适宜性三个角度来统筹推进。

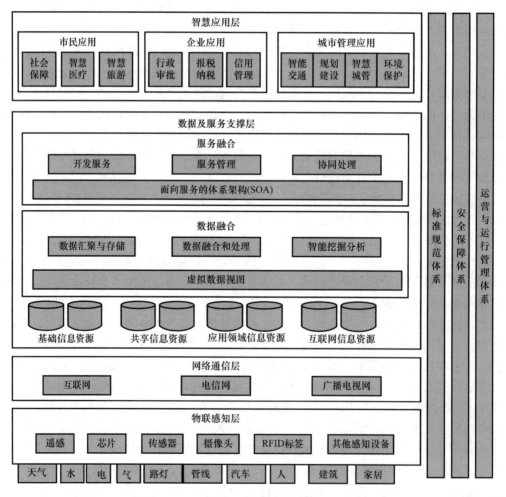

图 1-1　智慧城市建设体系结构

（1）系统性

智慧城市规划建设应从城市整体入手，系统地谋划城市发展。把城市看成一个有机的复杂系统，从更长远、更广泛、更多视角来分析和研究城市。通过分析各城市的区位特点、产业特色等条件，准确判别面临的资源和环境问题，明晰智慧城市建设的总体目标和功能定位，从而对城市发展定位、产业结构布局、生态环境、城市建设、城市管理等方面的智慧化发展进行系统、整体的设计。

（2）可控性

智慧城市建设要具备可控性，讲究绩效，注重可执行、可落实、可监督、可考核。从绩效的角度来讲，智慧城市建设通过主要任务实现绩效化的规划与建设，注重考量智慧城市建设所带来的经济效益、社会效益、生态效益、政治效益和文化效益；从可执行、可落实的角度而言，智慧城市规划建设方案在充分进行需求分析的基础上，制定切实可行的建设方案；从可监督、可考核的角度考虑，注重企业和民众的广泛参与和积极监督，考核指标的设置充分考虑政府、企业和民众三大主体的利益，把智慧城市是否为决策者提供高效、精细化的城市服务模式，是否为民众提供智能、便捷的公共服务，是否为企业提供可持续的产业发展和服务环境，作为考核要点。

（3）适宜性

智慧城市建设要"因地制宜、因时制宜"，从城市的实际问题入手，"一城一策"并通过合理利用信息技术创建智慧方案。以城市的总体目标为导向，基于城市的经济、社会、文化、生态环境以及城市信息化等方面的基础条件，制定科学合理的智慧城市建设目标。智慧城市建设从城市发展的需求出发，结合新型城镇化发展战略，统筹规划，充分、合理利用信息技术，"一城一策"地创建智慧方案，"因地制宜""因时制宜"地解决城市产业、环境、民生、行政等方面存在的问题。

智慧城市是为了适应新型城镇化发展的需求，通过技术手段解决城市发展过程中所遇到现实问题的一种解决方案。具体来说，智慧城市是指在城市发展过程中，充分利用物联网、互联网、云计算、智能分析等技术手段，在城市基础设施、资源环境、社会民生、经济产业、市政治理等领域中，对城市居民生活工作、企业经营发展和政府行政管理过程中的相关活动，进行智慧的感知、分析、集成和应对，为市民提供一个更美好的生活和工作环境，为企业创造一个更有利的商业发展环境，为政府构建一个更高效的城市运营管理环境。

"智慧"除了包含有其技术范畴的内容之外，更加强调的是体现出其人文的范畴。智慧城市通过设备、网络的手段达到智能化的互联互通，达到信息的无缝对接，使得有效信息能够准确地被利用，并通过有效地数据分析，制定规则和政策，实施以人为本，汇人之慧，赋物以智，互促互补，实现经济和社会活动最优化。智慧城市就是依据技术和人文的手段解决城市健康发展所面对的一切问题。其目的就是让政府更加善治、产业发展更加健康、社会更加和谐、环境更加优美、居民更加幸福。

城市本身是一个涉及人、社会系统、自然系统的生态体系，是一个能够自我平衡、自我修复、自我进化的生命体。智慧城市是加强传统城市的神经系统和大脑，通过感测、分析、整合城市运行核心系统的各项关键信息，促进城市中的市民、交通、能源、商业、通信、水资源等子系统不断优化提升，加速城市向更高级形态发展进化。

1.2 物联网概念与技术

1.2.1 物联网概念

物联网（The Internet of Things，IoT），其概念起源可追溯至 1995 年，比尔·盖茨在《未来之路》一书中对信息技术未来的发展进行大胆预测，描绘了"物—物"相连的物联网雏形。目前，遍地开花的物联网应用如图 1-2 所示。

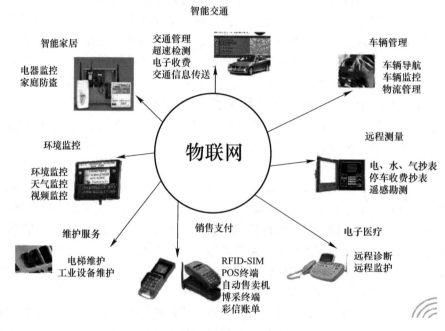

图 1-2 遍地开花的物联网应用

物联网技术的诞生与应用是一个逐渐展开的历程：1998 年，麻省理工学院（MIT）提出基于 RFID（Radio Frequency IDentification，RFID）技术的物品唯一编号方案，即电子产品代码（Electronic Product Code，EPC），并以 EPC 为基础，研究从网络上获取物品信息的自动识别技术，为物联网的发展奠定了坚实的感知基础。直到 1999 年，美国自动识别技术（AUTO-ID）实验室首次正式提出物联网概念，给出物联网的最早定义：把所有物品通过射频识别技术与互联网连接起来，实现智能化识别和管理。也就是说，物联网是指各类传感器和现有的互联网相互衔接的一个新技术。

2005 年国际电信联盟（International Telecommunication Union，ITU）发布《ITU互联网报告 2005 物联网》，报告指出，无所不在的"物联网"通信时代即将来临，世界上所有的物体从轮胎到牙刷、从房屋到纸巾都可以通过因特网主动进行交换，射频识别（RFID）技术、传感器技术、纳米技术、智能嵌入技术将得到更加广泛的应用。

2008 年 3 月在苏黎世举行了全球首个国际物联网会议——"物联网 2008"，探讨了物联网的新理念和新技术与如何将物联网推进发展到下个阶段。2009 年 1 月，IBM 首席执行官彭明盛提出"智慧地球"的概念。2009 年 6 月，欧盟委员会正式提出了"欧盟物联网行动计划"。2009 年 8 月，日本也提出了 I-Japan 战略，强调电子政务和社会信息服务应用。在我国，2009 年 8 月，温家宝总理提出"感知中国"，物联网被正式列为国家五大新兴战略性产业之一，写入"政府工作报告"，物联网在中国受到了全社会极大的关注。

目前，物联网逐渐演化成一种融合了传统网络、传感器、Ad Hoc无线网络、普适计算和云计算等信息与通信技术的完整信息产业链。关于物联网，在国际上有代表性的描述主要有：

（1）国际电信联盟：从"时—空—物"三维视角来看，物联网是一个能够在任何时间（Anytime）、任何地点（Anywhere），实现任何物体（Anything）互联的动态网络，包括计算机之间、人与人之间、人与物之间以及物与物之间的互联。

（2）欧盟委员会：物联网是计算机网络的扩展，是一个实现物—物互联的网络。这些物体可以有 IP 地址，嵌入复杂系统中，通过传感器从周围环境中获取信息，并对获取的信息进行响应和处理。

（3）中国物联网发展蓝皮书：物联网是一个通过信息技术将各种物体与网络相连，以帮助人们获取所需物体相关信息的巨大网络；物联网通过射频识别、传感器、红外感应器、视频监控、全球定位系统、激光扫描器等信息采集设备，通过无线传感器网络、无线通信网络（WiFi、WLAN 等）把物体与互联网连接起来，实现物与物、人与物的互联和通信。

综合如上各种关于物联网的描述，我们认为：物联网是在互联网、移动通信网等通信网络的基础上，针对不同应用领域的需求，利用具有感知、通信与计算能力的智能物体自动获取物理世界的各种信息，将所有能够独立寻址的物理对象互联起来，实现全面感知、可靠传输、智能处理，构建人与物、物与物互联的智能信息服务系统。

综合各种物联网应用的特点与共性，可以发现，物联网本质上是通过物和互联网的全面融合，形成一个全新的、智慧的基础设施，方便人类以更加精细和智能的方式管理生产和生活。而为了实现物和互联网的全面融合，物联网的运行离不开很多关键技术的支撑，包括 RFID 技术、无线传感器网络、嵌入式技术、定位技术等。

1.2.2　RFID 技术

从物联网的内涵和特征来看，其功能已经超越了传统互联网和移动通信网以传输为主的形式，在技术上更是融合了感知、传输、处理和应用等多项技术。众多感知技术中，射频识别（RFID）技术是物联网最早使用的一种感知技术。从某种意义上来讲，正是 RFID 技术的飞速发展与应用，才使得物联网这个概念得以出现。

RFID 技术是一种非接触式、实时快速、高效准确地采集和处理实体对象信息的自动识别技术。它通过射频信号自动识别目标对象并获取相关数据。具体来说，射频识别技术通过电子标签来标志某个实体对象，用 RFID 读写器来接受实体对象的数据。RFID 抗干扰能力强，可识别高速移动实体对象，也可同时识别多个实体对象目标。

如图 1-3 所示，一套完整的 RFID 系统由读写器（Reader）、电子标签（Tag）和数据管理系统三部分组成，其工作原理是由读写器通过发射天线发送特定频率的射频信号，当电子标签进入发射天线有效工作区域时产生感应电流，从而获得的能量被激活，使电子标签将自身编码信息通过内置射频天线发送出去；读写器的接收天线接收到从标签（射频卡）发送来的调制信号，经天线调节器传送到读写器信号处理模块，经解调和解码后将有效信息送至后台主机的数据管理系统进行相关处理；主机的数据管理系统根据逻辑运算判断该卡的合法性，识别该标签的身份，针对不同的设定做出相应的处理和控制，最终发出指令信号，控制读写器完成不同的读写操作。具体介绍如下。

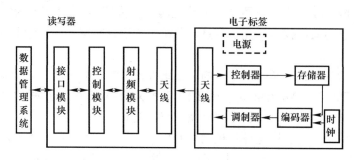

图 1-3　RFID 系统组成及工作原理框图

1. 阅读器

阅读器，也称为读写器，是将标签中的信息读出，或将标签所需要存储的信息写入标签的装置。根据使用的结构和技术不同，阅读器可以是读/写装置，是 RFID 系统信息控制和处理中心。在 RFID 系统工作时，由阅读器在一个区域内发送射频能量形成电磁场，区域的大小取决于发射功率。在阅读器覆盖区域内的标签被触发，发送存储在其中的数据，或根据阅读器的指令修改存储在其中的数据，并能通过接口与计算机网络进行通信。阅读器的基本构成通常包括：收发天线、频率产生器、锁相环、调制电路、微处理器、存储器、解调电路和外设接口。

（1）收发天线：发送射频信号给标签，并接收标签返回的响应信号及标签信息。

（2）频率产生器：产生系统的工作频率。

（3）锁相环：产生所需的载波信号。

（4）调制电路：把发送至标签的信号加载到载波并由射频电路送出。

（5）微处理器：产生要发送到标签的信号，同时对标签返回的信号进行译码，并把译码所得的数据回传给应用程序，若是加密的系统还需要进行解密操作。

（6）存储器：存储用户程序和数据。

（7）解调电路：解调标签返回的信号，并交给微处理器处理。

（8）外设接口：与计算机进行通信。

2. 电子标签

电子标签由收发天线、AC/DC 电路、解调电路、逻辑控制电路、存储器和调制电路组成。

（1）收发天线：接收来自阅读器的信号，并把所要求的数据送回给阅读器。

（2）AC/DC 电路：利用阅读器发射的电磁场能量，经稳压电路输出，为其他电路提供稳定的电源。

（3）解调电路：从接收的信号中去除载波，解调出原信号。

（4）逻辑控制电路：对来自阅读器的信号进行译码，并依阅读器的要求回发信号。

（5）存储器：作为系统运作及存放识别数据的位置。

（6）调制电路：逻辑控制电路所送出的数据经调制电路后加载到天线送给阅读器。

目前市场上已有多种电子标签可供选择，按照标签内是否有内置电池，可主要分为无源标签和有源标签，对应为无源 RFID 和有源 RFID，见图 1-4。无源 RFID 是指阅读器遇见 RFID 标签时，发出电磁波，周围形成电磁场，标签从电磁场中获得能量，激活标签中的微芯片电路，芯片转换电磁波，然后发给阅读器，阅读器将其转换成相关数据。有源 RFID 系统中，电子标签工作的能量由电池提供，电池、内存与天线一起构成有源电子标签，同时标签电池的能量供应也部分转换为电子标签与阅读器通信所需的射频能量。

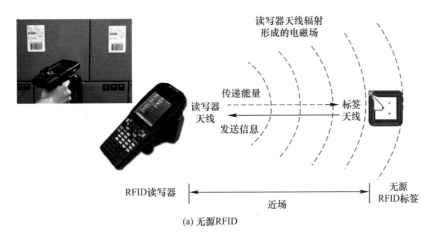

(a) 无源RFID

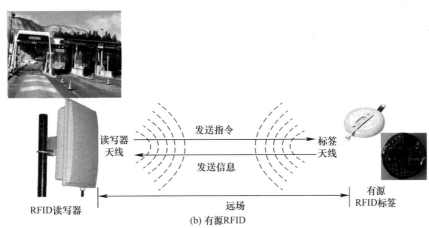

(b) 有源RFID

图 1-4 无源 RFID 和有源 RFID

3. 数据管理系统

RFID 系统中的数据管理系统主要完成数据信息的存储、管理以及对 RFID 标签的读写控制，是独立于 RFID 硬件之上的部分。RFID 系统归根结底是为应用服务的，读写器与应用系统之间的接口通常由软件组件来完成。一般而言，RFID 软件组件包含有：①边沿接口；②中间件，即为实现所采集信息的传递与分发而开发的中间件；③企业应用接口，即为企业前端软件，如设备供应商提供的系统演示软件、驱动软件、接口软件、集成商或者客户自行开发的 RFID 前端软件等；④应用软件，主要指企业后端软件，如后台应用软件、管理信息系统（MIS）软件等。

RFID 标签对物体具有唯一标识性，因此引发了人们对基于 RFID 技术应用的研究热潮。物联网是当前 RFID 应用研究的热点，而作为条形码的无线版本，RFID 技术有条形码所不具备的防水、防磁、耐高温、使用寿命长、读取距离大、数据可以加密、存储信息更改自如等优点，也可识别高速运动物体，并可同时识别多个标签，操作方便、快捷。通过给所有物体 RFID 标签，在现有互联网基础上构建所有的物品信息网络，构造了一个实现全球物品共享的"Internet of Things"。智能物流、智能交通、智能仓库、智能农业、智能工厂、智能医疗、智能建筑等众多领域都可见 RFID 的身影。在 2008 年的奥林匹克运动会、2009 年的中华人民共和国第十一届运动会、2010 年的上海世界博览会和第 16 届亚洲运动会等盛会中，RFID 作为科技元素，在门票防伪、食品安全、交通、门禁和物流等领域都融入使用，起到了很好的领航作用。图 1-5 给出了 RFID 在仓库管理系统中的应用示范。

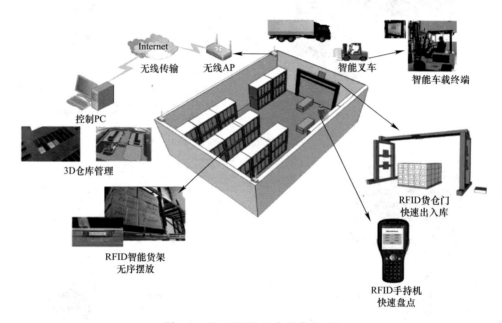

图 1-5　基于 RFID 的仓库管理系统

1.2.3　无线传感器网络

除 RFID 技术外，无线传感器网络是物联网感知层的又一种重要的感知技术。无线传感器网络是一种由传感器节点构成的网络，能够实时地监测、感知和采集节点部署区的环境或观察者感兴趣的感知对象的各种信息（如光强、温度、湿度、噪声和有害气体浓度等物理现象），并对这些信息进行处理后以无线的方式发送出去。如图 1-6 所示，无线传感器网络的节点可以分为三大类：传感器节点、汇聚节点和管理节点。传感器节点通常是一个微型的嵌入式系统，它处理能力、存储能力和通信能力都比较弱，通过自身携带的电池供电。从功能上来看，传感器节点负责采集、分析、融合、接收、发送数据，兼顾传统网络中的终端和路由器双重功能。汇聚节点负责汇总、中转数据，是传感器与外围网络的接口，其处理能力、存储能力和通信能力相对比较强，它连接传感器网络与 Internet 等外部网络，实现两种协议栈之间的通信协议转换，同时发布管理节点的监测任务，有足够的能量供给和更多的内存与计算资源，也可以是没有监测功能仅带有无线通信接口的特殊网关设备。管理节点负责配置、管理网络，获取最终感知数据。

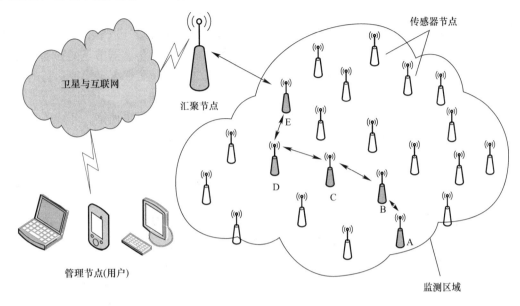

图 1-6　无线传感器网络的结构示意图

如图 1-7 所示，无线传感器网络体系结构具有横向的通信协议层和纵向的传感器网络管理面这样的三维结构。通信协议层可以划分为物理层、MAC 层、网络层、传输层和应用层五层，网络管理面则可以划分为能量管理面、移动管理平台以及任务管理平台。物理层主要负责载波频率产生、信号的调制解调等工作，实现比特流的透明传输。MAC 层主要负责无线信道资源的分配，包括网络结构的建立和为传感器节点有效、合理地分配资源。另外，MAC 层还有一个功能是保证源节点发出的信息可以完整无误地到达目标节点。网络层负责路由发现和维护，是无线传感器网络的重要因素。无线传感器网络中，大多数节点无法直接与网关通信，需要通过中间节点进行多跳路由。公平性、能量有效性、安全性都是无线传感器网络路由算法设计的关键因素。传输层负责将传感器网络的数据提

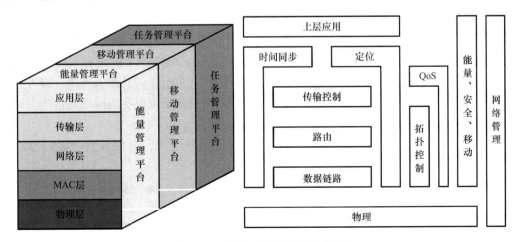

图 1-7　无线传感器网络的体系架构

供给外部网络，也就是负责网络中节点间和节点与外部网络之间的通信。应用层主要由一系列应用软件构成，主要负责监测任务。这一层主要解决三个问题：传感器管理协议、任务分配和数据广播管理协议，以及传感器查询和数据传播管理协议。能量管理平台负责管理传感器节点如何使用资源，贯穿在各个协议层，需要跨层优化设计以节省能量。移动管理平台主要是针对传感网中存在的一些移动应用场景，负责检测传感器节点的移动，维护汇聚节点的实时路由，使得传感器节点能够动态跟踪其邻居的位置，保证协议运行的正确性。任务管理平台承担着在一个给定的区域内平衡和调度检测的任务。

无线传感器网络使普通物体具有了感知能力和通信能力，在军事侦察、环境监测、医疗护理、智能家居、工业生产控制以及商业等领域有着广阔的应用前景。

1.2.4　嵌入式技术

物联网是新一代信息技术的重要组成部分，是传统的嵌入式系统与互联网发展到高级阶段衍生的产物。作为物联网重要技术组成的嵌入式系统，正成为物联网融合发展的巨大驱动力。随着 5G 时代的到来，物联网的发展将如虎添翼，不管是从行业应用，还是智能硬件的爆发，亦或是大数据等，嵌入式技术将得到史无前例的发展。

嵌入式技术起源于单片机技术，是各类数字化的电子、机电产品的核心，主要用于实现对硬件设备的控制、监视或管理等。进入 21 世纪，计算机应用的各行各业中 90% 的开发将涉及嵌入式开发。全球嵌入式软件市场年增长率超过 12.5%，嵌入式系统带来的工业年产值达一万亿美元，未来三年嵌入式软件产业将保持 40% 以上的年复合增长率。

简单来说，嵌入式技术是以应用为中心，以计算机技术为基础，并且软硬件可裁剪，适用于应用系统对功能、可靠性、成本、体积、功耗有严格要求的专用计算机系统技术。嵌入式系统是一种包括硬件和软件的完整的计算机系统，它的定义是："嵌入式系统是以应用为中心，以计算机技术为基础，并且软硬件可剪裁，适用于应用系统对功能、可靠性、成本、体积和功耗有严格要求的专用计算机系统。"嵌入式系统所用的计算机是嵌入到被控对象中的专用微处理器，但是功能比通用计算机专门化，具有通用计算机所不能具备的针对某个方面特别设计的、合适的运算速度、高可靠性和较低比较成本的专用计算机系统。

举个简单的例子，智能手机其实就是一个嵌入式系统，它的系统配置的一些硬件，如存储、CPU、电池，但考虑到功耗，为智能手机特别定制了一个系统。试想一下，若智能手机还用台式电脑的 CPU，最终成型产品得有几十斤，那样的手机还有人买吗？因此嵌入式系统就是针对产品需求而定制的系统，以"物联"为己任，具体表现为：嵌入到物理对象中，实现物理对象的智能化。嵌入式系统只要能提升系统设备的网络通信能力和加入智能信息处理的技术，都可以应用于物联网。

一般来说，嵌入式系统应该具有以下一些特征：专用性、可封装性、实时性、可靠性。

（1）专用性是指嵌入式系统用于特定设备完成特定任务，而不像通用计算机系统可以完成各种不同任务。

（2）可封装性是指嵌入式系统一般隐藏于目标系统内部而不被操作者察觉。

（3）实时性是指与外部实际事件的发生频率相比，嵌入式系统能够在可预知的时间内对事件或用户的干预做出响应。

（4）可靠性是指嵌入式系统隐藏在系统或设备中，一旦开始工作，可能长时间没有操作人员的监测和维护，因此要求它能够可靠运行。

像通用计算机系统一样，嵌入式系统也包括硬件和软件两部分。硬件包括处理器/微处理器（就是我们平时所说的CPU）、存储器及外设器件和输入输出端口、图形控制器等。软件部分包括操作系统软件和专门解决某类问题的应用软件，有时设计人员把这两种软件组合在一起，应用程序控制着系统的运作和行为，而操作系统控制着应用程序编程与硬件的交互作用。嵌入式计算机系统同通用计算机系统相比，具有以下特点：

（1）嵌入式系统通常是面向特定应用的，嵌入式CPU与通用型的最大不同就是嵌入式CPU大多工作在为特定用户群设计的系统中，它通常都具有功耗低、体积小、集成度高等特点，能够把通用CPU中许多由板卡完成的任务集成在芯片内部，从而有利于嵌入式系统设计小型化，移动能力大大增强，跟网络的耦合也越来越紧密。

（2）嵌入式系统是将先进的计算机技术、半导体技术和电子技术与各个行业的具体应用相结合的产物。这一点就决定了它必然是一个技术密集、资金密集、高度分散、不断创新的知识集成系统。

（3）嵌入式系统的硬件和软件都必须高效率地设计，量体裁衣、去除不需要的多余功能，力争在更小的硅片面积上实现同样的性能，这样才能在具体应用中更具有竞争力。

（4）嵌入式系统和具体应用有机地结合在一起，它的升级换代也是和具体产品同步进行，因此嵌入式系统产品一旦进入市场，具有较长的生命周期。

（5）为了提高执行速度和系统可靠性，嵌入式系统中的软件一般都固化在存储器芯片或单片机本身中，而不是存储于磁盘等载体中。

（6）嵌入式系统本身不具备自主开发能力，即使设计完成以后，用户通常是不能对其中的程序功能进行修改的，必须有一套与通用计算机系统连接的开发工具和环境才能进行开发。

网络互联成为必然趋势。未来的嵌入式设备为了适应网络互联的要求，必然要求硬件上提供各种网络通信接口。传统的单片机对于网络支持不足，而新一代的嵌入式处理器已经开始内嵌网络接口，除了支持TCP/IP协议，还有的支持IEEE1394、USB、CAN、Bluetooth、RFID或IrDA通信接口中的一种或者几种，同时也需要提供相应的通信组网协议软件和物理层驱动软件。软件方面，系统内核支持网络模块，以实现嵌入式设备随时随地以各种方式联入互联网。

总之，如果说其他技术涉及的是物联网的某个特定方面，如感知、计算、通信等，嵌入式技术则是物联网中各种终端设备的表现形式，在这些嵌入式设备中综合运用了其他各项技术。

1.2.5 定位技术

在以数据为中心的物联网里，位置信息是感知层获取数据不可或缺的部分，没有位置信息的监测数据通常毫无意义。确定事件发生的位置或者采集数据的节点位置是物联网最基本的功能之一。为了能够提供有效的位置信息，随机部署的感知层节点必须能够在部署后获知自身位置。物联网定位就是采用某种计算技术，测量在选定的坐标系中人设备以及事件发生的位置，是物联网科学发展和应用的主要基础技术之一。物联网中常用的定位技术主要有广域网下的 GPS 技术、城域网范围下的移动蜂窝测量技术以及局域网范围内的 WLAN、短距离无线测量（Zigbee、RFID）、WSN 定位技术等。

GPS 定位的基本原理是 GPS 接收机将高速运动的卫星瞬间位置作为已知的起算数据，并测量出它到卫星的距离，计算出接收机的运动方向、运动速度和时间信息，当接收到大于等于 4 颗 GPS 卫星信号时，便可列出 4 个定位方程，联立可求出观测点位置。GPS 可实现全天候、高精度、连续迅速的三维定位（纬度、经度和高度）和测速，这在车辆导航管理、测绘与跟踪服务中扮演着重要的角色。

蜂窝系统定位技术主要是指对移动台的位置坐标和定位精度估计，获取时间戳等信息。它有 3 种定位方案：方案一是基于移动台的定位系统，移动台接收多个发射机信号，确定其与各发射机的几何位置关系，再由移动台计算出位置。主要定位方法有：应用于 TDMA 系统的下行链路 E-OTD 方法、上行链路 TDOA 方法和应用于 CDMA 系统的下行链路 OTDOA-IPDL 方法。方案二是基于网络的定位系统，接收机同时检测移动台发射的信号，将接收信号携带的移动台位置信息送到网络中的移动中心处理，计算出移动台的位置。方法有：基于 Cell-ID 或基于 TA 方法，上行链路基于到达时间（Time of Arrival，TOA）、基于到达时间差（Time Difference of Arrival，TDOA）、基于到达角度（Angel of Arrival，AOA）的定位方法。方案三是借助于 GPS 辅助定位系统，由集成在移动台的 GPS 定位装置实现定位功能。

WLAN 定位就是在无线局域网中通过对接收到的无线电信号的特征信息进行分析，根据特定的算法来计算出被测物体所在的位置。首先，系统建立 WLAN 信号在覆盖区域下的信号空间，推导出信号覆盖的覆盖模型。然后，无线局域网定位系统在需要被定位的 WLAN 客户端进行空间信号的实时采样，采集的数据指用户携带的无线通信设备测量出到达用户的无线信号指标，包括信号传输时间（TOA）、到达角度（AOA）、强度（RSS），定位模块利用采集到的这些信息，搜索相应的定位算法，得出位置预测结果。

RFID 技术由于其非接触和非视距等优点已成为优选的物联网定位技术，RFID 系统可以在几毫秒内得到厘米级定位精度的信息，其传输范围很大，成本较低，因此备受关注。RFID 定位与跟踪系统主要利用电子标签对物体的唯一标识特性，依据读写器与安装在物体上的标签之间射频通信的信号强度（RSSI）或信号到达时间差（TDOA）来测量物品的空间位置，主要应用于 GPS 系统难以奏效的室内定位领域。

在无线传感器网络中，根据节点位置是否确定，传感器节点分为信标节点和位置未知节点。信标节点的位置是已知的，位置未知节点需要根据少数信标节点，按照某种定位机制确定自身位置。在传感器网络定位过程中，通常会使用三边测量法、三角测量法或极大似然估计法确定节点位置。根据定位过程中是否实际测量节点间的距离，把传感器网络中的定位分类为基于距离的定位方法和距离无关的定位方法。基于距离的定位机制就是通过测量相邻节点间的实际距离或方位来确定未知节点的位置，通常采用测距（物理测量）、定位计算（定位方程求解）、修正（误差控制）等步骤实现。根据测量节点间距离或方位时所采用的方法，基于距离的定位分为基于到达时间（Time of Arrival，ToA）的定位、基于到达时间差（Time Difference of Arrival，TDoA）的定位、基于到达角度（Angel of

Arrival，AoA）的定位、基于接收信号强度（Received Signal Strength Indicator，RSSI）的定位方法。由于要实际测量节点间的距离、角度或是时间等物理量，基于距离的定位方法定位精度通常都比较高，但对节点的硬件也提出了很高的要求。距离无关的定位机制无需实际测量节点间的绝对距离或方位就能够预测未知节点的位置。目前距离无关的定位算法主要有质心算法、DV-HOP 算法、Amorphous 算法、APIT 算法等。由于无需实际测量节点间的绝对距离或者方位，大大降低了对传感器节点的硬件要求，使得节点成本更符合物联网的应用需求。

1.3 基于物联网技术的建筑智能化应用

智能建筑中，建筑智能化系统以建筑为平台，兼备建筑设备、办公自动化及通信网络三大系统，集结构、系统、服务、管理及它们之间最优化组合，以提供一个安全、高效、舒适、便利的建筑环境。建筑智能化系统在实现时，利用现代通信技术、信息技术、计算机网络技术、监控技术等，通过对建筑和建筑设备的自动检测与优化控制、信息资源的优化管理，实现对建筑物的智能控制与管理，以满足用户对建筑物的监控、管理和信息共享的需求。目前，物联网技术的普及，特别是感知技术和接入技术的普及，为智能建筑中智能应用的设计与实现提供了新的支持。

1.3.1 安全防范系统

1. 安全防范系统概述

随着社会经济和高新技术日新月异的发展，以视频监控系统、入侵报警系统、停车场管理子系统及一卡通综合管理系统为主的安全防范系统成为智能化工程不可缺少的组成部分，是智能建筑内加强管理和安全防范的一项重要措施。

安全防范系统，是保证办公秩序、内外人员安全和建筑与设备安全的必要条件。为此，需要按照人防、物防、技防"三防合一"的原则，设计周密、高效的安全技术防范系统。

从实际需求出发，通过严谨的设计和施工，建立起高效、全方位、全天候、立体化的安全防范网络，使整个建筑群及周边区域处在严密监控之中。安全管理人员通过此高科技手段，能实时掌握各单体建筑内部及附近区域的人流、物流的动态变化，能随时记录、调用有关信息，能进行有针对性的管理，同时还可通过系统掌握的信息与其他智能化相关系统联动，确保建筑的安全和正常运转。

安全防范系统采用"集中管理＋集中存储"模式，力求最大限度地为管理提供方便，并可以与建筑物的其他系统相衔接，因此系统应具备开放性、可扩展性及兼容性，并且是一个高可靠、高容错的系统，以减轻管理者的压力。另外，从系统投入上考虑，设计施工过程中尽量提高性价比。

2. 安全防范系统组成

安全防范系统通过摄像机摄像、监视及录像，与入侵报警探测器、门禁等设备紧密结合，及时发现不正常行为、非法侵入，并报警和采取相应的灯光、摄像等设施的联动，以便保安人员及时了解和监控一切不正常行为和入侵活动，记录并查询事件发生前后的信息。系统的拓扑架构如图 1-8 所示。

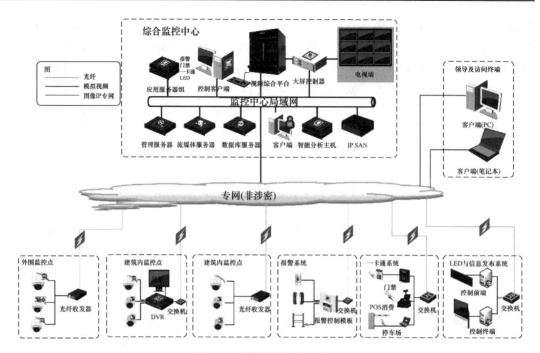

图 1-8　系统拓扑架构示意图

（1）视频监控系统

运用先进的技术手段，在一定区域范围内警戒可能发生的入侵行为，对发生的报警及时捕获和记录相关影像，对重要的部门进出实现自动记录，对重要区域提供有效的保护等，是安全防范系统追求的目标。目前主要运用全数字综合性网络视频监控系统，系统由监控专网、监控设备和应用软件等组成。系统架构如图 1-9 所示，而系统的主要功能有：

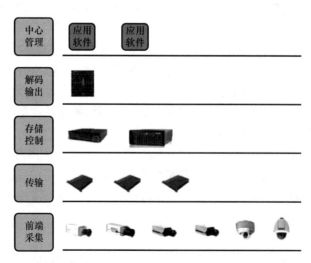

图 1-9　视频监控系统架构示意图

1）全天候监控功能：通过安装的全天候监控设备，全天候 24 小时成像，实时监控各个大楼室内、室外路口和周界的安全状况。

2) 昼夜成像功能：可见光成像系统的彩色模式非常适合天气晴朗、能见度良好的状况下对监视范围内的观察监视识别；红外模式则具有优良的夜视性能和较高的视频分辨率，在照度很低甚至0Lux照度的情况下，具有良好的成像性能。

3) 高清成像功能：室内大厅部署高清球形摄像机，利用高清成像技术对区域内实施监控，有利于获取进出大厅人员身体细部特征。

4) 前端设备控制功能：可手动控制镜头的变倍、聚焦等操作，实现对目标细致观察和抓拍；对于室外前端设备，还可远程启动雨刷、灯光等辅助功能。

5) 智能视频分析功能：采用智能视频处理设备，具有视频分析、识别、报警功能，能够对园区周界进行警戒线、警戒区域检测，对于满足条件的非法活动目标进行区分自动报警，为及时出警提供依据。

6) 报警功能：系统对各监控点进行有效布防，避免人为破坏；报警发生时，现场发出报警信号，同时将报警信息传输到监控中心，使管理人员第一时间了解现场情况。

7) 集中管理指挥功能：在指挥中心采用视频综合管理软件，实现对各监控点多画面实时监控、录像、控制、报警处理和权限分配。

8) 回放查询功能：有突发事件可以及时调看现场画面并进行实时录像，记录事件发生时间、地点，及时报警，联动相关部门和人员进行处理，事后可对事件发生的视频资料进行查询分析。

9) 电子地图功能：系统软件多级电子地图，可以将各大楼、各楼层的平面电子地图以可视化方式呈现每一个监控点的安装位置、报警点位置、设备状态等，有利于操作员方便、快捷地调用视频图像。

10) 设备状态监测功能：系统前端节点为网络摄像机，它们与软件平台之间保持IP通信和心跳保活，软件平台能实时监测它们的运行状态，对工作异常的设备可发出报警信号。

(2) 防盗报警系统

防盗报警系统主要用于重要区域的入侵防范报警，建立一套以有线报警为主，并结合TCP/IP网络传输协议、多媒体控制、远程控制等多种技术、多层次全方位的安全防盗报警系统。系统在前端安装各种不同功能的报警探测装置，根据不同的需要设置红外微波探测器、报警按钮等报警设备，通过防盗报警主机的集中管理和操作控制，如布防、撤防等，构成立体的安全防护体系。当系统确认报警信号后，自动发出报警信号，提示相关管理人员及时处理报警信息，并与视频监控子系统进行联动等功能。系统架构如图1-10所示，而系统的主要功能有：

1) 布防与撤防：在正常工作时，工作及各类人员频繁出入探测器区域，整个系统处于撤防状态，报警控制器即使接收到探测器发来的报警信号也不会发出报警。下班后，处于布防状态，如果有探测器的报警信号进来，就立即报警。系统可由保安人员手动布防撤防，也可以通过定义时间窗，定时对系统进行自动布防、撤防。同时由于在本技术方案中采取了TCP/IP双向数据传输技术，因此，保安人员既可以在现场采用键盘的方式布防撤防，也可以在控制中心通过管理软件进行远程的布防撤防工作。

2) 布防后的延时：如果布防时，操作人员尚未退出探测区域，报警控制器能够自动延时一段时间，等操作人员离开后布防才生效，这是报警控制器的外出布防延时功能。

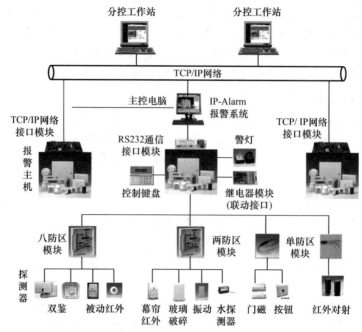

图 1-10　防盗报警系统架构示意图

3）防破坏：如果有人对线路和设备进行破坏，线路发生短路或断路、非法撬开情况时，报警控制器会发出报警，并能显示线路故障信息；任何一种情况发生，都会引起控制器报警。

4）报警联网功能：系统具有通信联网功能，区域的报警信息送到控制中心，由控制中心的计算机来进行信息分析处理，并通过网络实现资源的共享及异地远程控制等多方面的功能。

（3）一卡通管理系统

一卡通管理系统通过读卡器，只有经过授权的人才能进入受控的区域门组，读卡器能读出卡上的数据并传送到门禁控制器，如果允许出入，门禁控制器中的继电器（Relay）将操作电子锁开门。该子系统由感应智能卡、感应读卡器、门组、门禁控制器、门禁管理软件等组成。系统架构如图 1-11 所示。

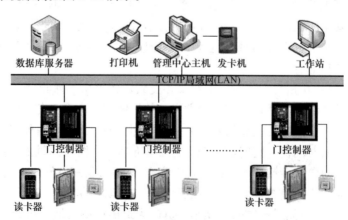

图 1-11　一卡通管理系统架构示意图

一卡通管理系统的主要功能有：

1）消防联动及防掉电功能

火灾报警情况下具备手动断电解锁功能，确保消防报警时人员的安全。系统的各控制模块以及电锁都连接自带的充电电池，当供电系统发生故障时，将由充电电池提供电源，可以确保系统断电后仅 8 小时内即可正常开门。

2）TCP/IP 通信及线路

管理层采用 TCP/IP 协议以太局域网/广域网，与控制层的通信也采用 TCP/IP 协议。控制层及执行层线路具有容错和监测能力，当某一点遭到破坏或其他原因发生短路或断路时，立即向中心报告线路故障，并确保在线路抢修的同时，不影响系统的正常运行和通信。

3）门禁管理功能

系统授权管理可进行分时段、分级别管理。能够对人员进行时间组限制管理，每个时间组可以单独灵活设置，每个人员可以同时选择多个时间组；系统具有防潜反功能；系统监视界面上可显示出当前开启的门号、通行人员的卡号及姓名、读卡时间和通行是否成功等信息。

具备出现异常情况时的自适应能力。当与管理终端的通信中断时，现场门的正常开启不受影响；可通过管理主机取消授权；失效卡、过期卡可回收，重新授权后能够继续使用；可提供各种事件数据报表，包括持卡人出入事件、报警事件、系统事件等；系统可对管理者操作步骤进行日志记录；事件记录应包括如下内容：允许通行、拒绝通行、报警、强行开门、常开、故障、网络连接、网络断开、远程控制等；系统具有特殊记忆体保护装置，门禁编码及系统数据不会因断电而消失。

4）智能网络功能

系统以 TCP/IP 协议为基础，每个设备可通过网络接入系统中，并且通过网络任意一台客户端均可对数据库数据进行浏览和查询；与 ODBC 兼容，硬件设备可接入以太网运行；每个区域网都应能够自由拓扑，本地的每个设备通过服务器进行实时数据交流；广域网的连接也是自由的，在每个服务器间可以通过远程拨号、Internet、专用网与远端的系统交换数据；系统对所支持工作站的数量没有限制；系统软件按照模块化形式设计，以利于程序的扩展和修改。

5）实时远程监控功能

根据不同的权限控制和监视远程设备，操作员可以实时查看远程设备的事件记录。

6）电子地图功能

系统软件自带电子地图功能，具有地图编辑功能，可以编辑各自的区域监控平面图，按照自己的要求设定监控的门禁和防区。当发生报警事件时，平面图会直观地显示报警区域，可以用电子地图与表格方式双重显示门禁点的信息；表格方式实时记录每次开门的时间、日期、进出人员的卡号、姓名、隶属部门、职务等相关资料，并可选择查看人员的分布情况。

7）多节假日组功能

系统最多可定义 50 个节假日组，能够根据各个使用者的需求定义各种假日时间，当把假日安排给每个用户时，系统会自动进行假日允许判断处理；假日类型设定后，系统可以自由转换，执行假日期间人员出入的权限。

8）多级别管理权限

系统对设置访问权限可以灵活搭配；采用不同功能管理权限机制：实时监控管理权限只能浏览实时监控系统；设备管理和权限管理除处理一般用户的功能外，还可以对系统进行人员授权、门禁设置、视频监视等；系统管理和报表管理权限还能对整个系统硬件参数进行设置并查阅、打印各种报表。

9）报警状态监控功能

该功能具有开门超时报警、非法入侵报警、防胁迫报警的功能。设备具备防破坏触点。当出现强行开门、门长时间不关、通信中断、设备被拆、设备故障、失效用户或失窃的卡开门等异常情况时，管理主机应能发出报警信号，电子地图显示案发地点，同时记录在案。

系统允许用户自行设置任意报警信号在任意计算机上显示和处理，当同一工作站同时有多路报警信号需处理时，则按报警优先级别进行处理，并以色彩、图形和文字说明方式显示报警的日期、时间、地址、类型等，系统可将所有报警事件记入日志。

系统置备声光显示，当出现报警情况时，声光报警器报警灯不停闪烁，同时发出高音警号。

系统能与视频监控系统联动，能通过每台工作站远程的视频系统进行各种控制操作，启动定时录像，报警画面自动切换。

10）防胁迫报警功能

此功能应用在读卡加密码进入的方式，当人员被胁迫进入管制区域时，门开启可以不受影响，但可在不被察觉的情况下发送报警信号至控制室。

11）查询功能

当读卡器上有人刷卡时，控制中心的管理计算机上显示持卡人的各项信息（姓名、性别、年龄、照片、进出区域时间），以供管理人员核对是否本人持卡。查询方式多种多样，可以按部门、进入时间、门的位置、人员编号等各种条件查；查询方法直观易操作，根据需要可以多条件组合，全方面查找。

12）报警功能

系统能够采集以下报警事件：

① 控制器：各控制器在线/离线、控制器故障、控制箱防撬；

② 门禁：门禁接受/拒绝、门未开、门敞开、强行侵入、出门按钮开门；

③ 读卡器：读卡器防撬；

④ 输入点：输入点（如报警探头、按钮、消防等）的布防/撤防；

⑤ 输出点：输出点（如灯光、门锁）的开、关。

对于每个报警，可以按照以下方式预先编辑报警的相应方式：

① 发出报警声音提示，不同的报警类型可以用不同的语音提示，以示报警类型不同；

② 自动弹出电子地图，并在报警点加上用色闪烁方框提示；

③ 自动弹出报警窗口，如果发生多个报警，报警可按优先级、时间、内容等进行排列；

④ 所有报警及操作都记录在日志上。

13）报警处理

系统可实现多种防盗报警功能，如非法开门、门开超时报警、控制器被非法打开、读卡器被人破坏等。当产生报警功能后，会详细记录每一条报警信息并且会及时向管理主机发送报警信息，确保整个系统的安全可靠性。

系统具有多路常规输入端，可接入门磁、开门按钮等设备。同时也有多路辅助输入和辅助输出，可接入防撬开关、红外双鉴传感器等防盗输入设备和控制警铃、警灯等输出报警设备。

系统可实现手动或自动布防（定时布防）功能，手动布防时可精确到每一个辅助输入端口，自动布防可实现定时布、撤防功能，免除人工布、撤防的麻烦。布防后的控制器全面进入警戒状态，管理主机中的电子地图可实时显示当前门的状态。当检测到报警事件后，软件马上弹出电子地图，明确标识报警点、报警类别和报警时间等信息，及时通知相关职能人员作出处理。

在发生报警时，操作人员可以在报警窗口接警处理，也可以在电子地图上直接进行接警处理。对于发生的报警，操作员可以单个受理，也可以批量受理，受理的报警不再发出报警声音。

（4）安全防范系统综合管理系统

安全防范系统的建设，绝不应对各个子系统进行简单堆砌，而是应当在满足各子系统功能的基础上，寻求内部各安全防范子系统、外部与其他智能化系统的完美结合。

1）运行分析

系统建设的最基本目的之一是应用，系统通过下述角度的建设，更有益于用户的实际应用。

① 集中管理：整个系统实行集中管理的方式，控制室设在安全防范控制中心，安全防范控制中心实施对所有前端设备的操作及功能设置，保证系统集中管理和高效、方便、可靠地运行。

② 监控网络化：闭路电视监控系统可设置安全的网络分控，结合先进的计算机多媒体技术，可以实现视频信号的数字网络传输，同时通过与防盗报警等子系统的联动和系统集成，可以实现多网点、立体、分布式网络监控及报警处理。

③ 可扩容性：我们设计的安全防范系统是一个相对开放的系统，根据系统中心设备的授权，对其使用、访问、查询等进行授权，结合工程要求，以及今后发展的要求，使系统设有扩充的余地，以满足后期扩展需要。

2）联动

系统在保证各个子系统功能的基础上，实现必要情况下子系统之间的联系和优化组合，优化产品使用功能，尽可能地发挥系统的整体性能。例如：

① 系统可设定任一监视器或监视器组用于报警处理，报警发生时显示报警联动的图像。系统可联动录像设备，记忆多个同时到达的报警，并按报警的优先级别进行排序。用于报警处理的监视器最先显示最高优先级的报警，并可逐个显示直到清空。当有多台监视器用于显示报警图像时，则监视器可按设置同时显示多路报警图像。

② 灯光联动：当入侵者非法闯入报警布防区域时，通过报警系统提供的继电器报警输出信号，联动现场灯光等设施，同时监控中心的电视墙弹出相应的画面。

③ 门禁控制器可以通过全局化的方式与消防系统实现联动，当门控器或上位机接收到消防系统的报警信号后，即联动设定区域内所有门禁控制器开启门锁，实现快速疏散。

④ 一卡通、防盗报警系统以及视频监控系统采用同一平台，该平台集成上述三个子系统的功能，进行系统集成，组成安全防范信息综合管理系统（SMS），实现对安防各子系统的有效联动、管理和监控，并留有与公安110报警中心联网的通信接口。

3）系统集成

对于安防系统设计和设备配置阶段，将各子系统及子系统内功能模块的各种信息交换接口标准化，便于系统集成的实施。

① 各个子系统自治控制，恪守子系统功能的完整性，同时提升了系统整体的现场存活能力。

② 如果有多个安防系统节点，各节点分布无主关联，为管理层面形成逻辑中心控制提供灵活的硬件适应。

③ 使视频监控系统、门禁系统、防盗报警系统提供第三方接口，开放除配置命令以外的协议，包括操作协议、状态访问协议、函数调用协议，以方便安防信息综合管理系统和BMS等管理平台做更高层面的集成之用。

1.3.2 消防系统

1. 消防系统概述

消防安全作为经济发展的根本基础，是保障社会安定和人民生命财产安全的首要工作，是智慧城市建设的重要组成部分。消防系统利用信息化手段来强化管理手段，提升建筑消防自我管理水平和责任意识，提升消防防控火灾能力和建筑消防的管理效率，有效落实消防安全责任制。

基于物联网技术的消防系统以"多维感知、数据共享、业务联动"为理念，综合利用物联网、地理信息、NFC/RFID、云计算等技术手段，实现对联网单位建筑消防设施报警信息的实时感知与预警，加强对联网单位消防设施系统的动态监管，完善对联网单位消防设施的检查手段，保障联网单位消防设施的正常运行，不断提升消防管理、服务与科学决策水平，为管理人员快速响应消防安全隐患需求提供服务，为主管部门科学决策提供依据与数据支撑，为构建城市安全智能保障体系提供基础保障。

2. 消防物联网系统的特点

（1）变"单一数据"为"多维感知"

"消防物联网系统"以消防应用为出发，利用物联网、互联网、无线通信网将终端传感（探测）设备联网，对建筑消防水系统、市政消火栓、电气火灾监控系统、可燃气体探测相关主机、设备、传感器状态进行实时监测和管理，获取了消防安全相关的数据信息，不再是单纯获取火灾报警控制器的相关消防安全状态信息，消防相关的数据维度更全面、数据量更大，对消防安全的评估和判断也更为有利。

（2）变"分散管理"为"集中管理"

利用物联网、互联网、无线通信网将终端传感（探测）设备联网，对消防高温、电气、燃气、水压、消防报警等进行联网管理，实时监测，使各传感器、探测系统不是信息孤岛，各建筑不是单独的个体，可由城市消防监控中心或区域监控中心统一监测、管理，从而降低人工成本，提升城市消防安全的全面评估，最终实现预防火灾、减少火灾发生的最终目的。消防物联网势必在智慧城市安全体系中扮演着不可替代的作用，是实现智慧城市的基础组成部分。

（3）变"线下人工"为"监管信息化"

纯人工的防火监督已经成为过去式，随着科技的进步，信息化的防火监督成为必然趋势。消防物联网并非城市智慧消防的发展方向，而是实现消防信息化的主要工具，城市智慧消防的核心是消防信息化。信息化的防火监督可协助防火重点单位提供"消防物"的信息采集和"消防人"的行为管理，实现"消防物"与"消防人"互联互通，共享共治。

3. 消防物联网系统的组成

基于物联网技术的消防系统是由前端传感设备、物联网网关设备、通信网络、物联网平台、监控中心等组成的综合性应用系统。消防物联网以"预防为主，防消结合"为指导思想，以"广泛的透彻感知、全面的物联共享、可视的报警服务"为建设理念，将消防工作由稽查管理向实时主动监测转变，将各建筑物及其他重要场所等纳入监管体系，实现消防的社会化，从而最大限度地降低火灾发生的概率，同时也减小消防部门稽查和救援压力，提升社会安全。基于物联网技术的消防系统的系统总体架构如图 1-12 所示。具体如下：

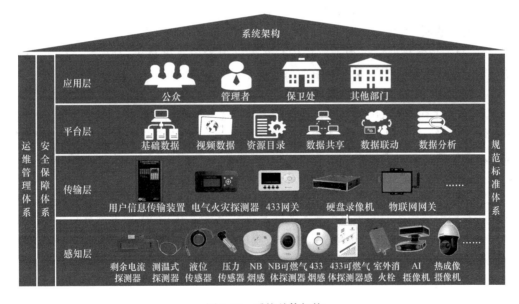

图 1-12 系统总体架构

（1）感知层：通过前端感知设备对烟、水、电、温、可燃气体、视频、NFC、二维码等数据进行广泛的感知、采集。

（2）传输层：应用物联网、移动互联网等技术，对感知层数据进行汇聚，并完成 IP 化，通过公网、专网、2G/3G/4G/5G/NB 等多种方式传输至后端平台。

（3）平台层：应用云计算、大数据等技术，对回传数据进行管理、分析、挖掘、共享、交换、展示，为应用层提供支撑。

（4）应用层：根据不同用户的应用需求，为消防管理部门、公众以及其他职能部门提供消防业务应用支撑。

基于物联网技术的消防系统一般由以下子系统组成:

(1) 火灾自动报警系统

目前建筑消防安全主要依赖于火灾自动报警系统和消防控制室,而几乎所有消防报警系统采取分散式管理。当部分消防控制主机出现故障、停用、关闭时,监管单位因为得不到相关消息而形成监管漏洞,长久以往容易造成消防报警控制器"建而无用",当灾害真正来临时,无法及时获取灾情信息,丧失扑灭火灾的最佳时机。

对火灾自动报警系统实施联网,可以帮助建设单位了解联网单位消防报警设备的开通情况、运行情况,对于不按规定安装、使用和维护消防自动报警设备的单位,及时要求其作出相应整改;可以帮助建设单位实时了解联网单位消防值班人员的在岗情况,杜绝因各种因素造成的人员脱岗现象;可以帮助建设单位进行上述各类数据的统计并编制报表;可以辅助联网单位消防控制室的值班人员及时、准确地确认和上报火警,最大限度地提早报警时间、缩短报警过程,争取宝贵时间来迅速出警灭火。

火灾自动报警系统由以下几个部分组成:

1) 火灾报警控制器信息采集:用户信息传输装置从火灾报警控制器的串口/打印口等报警输出接口获取数据,传输方式有 RS232/RS485/CAN 等。

2) 信息传输:消防远程通信主机通过 4G/5G/RJ45 接口进行联网,将报警信息传输到中心消防物联网平台。

3) 信息集成管理:通过报警监控中心对火灾报警信息进行集中监督、管理、统计、分析、展示。火灾自动报警系统如图 1-13 所示。

(2) 建筑消防用水状态监控系统

为有效应对消防用水因供水不足造成的"建而无水""建而少水",无法有效支撑现场用水救援等现象,也为加紧解决消防用水基础设施"坏而不知"等问题,通过部署物联传感器,对消火栓压力、喷淋系统水压、水箱/水池液位、末端压力等进行监测,及时发现消防水系统的故障,尽快检修,避免出现火灾无水救援等情况。

建筑消防用水状态监控系统采用全网络架构,将前端的消防水压和液位信号传送到后端,进行存储、显示。前端采集单元主要针对建筑的消防用水的重要点位进行布控,例如消防水箱/贮水池液位监测、单位室内消火栓水压监测和喷淋系统水压监测等,传感器布置如图 1-14 所示。

(3) 室外消火栓状态监控系统

室外消火栓是设置在建筑物外面消防给水管网上的供水设施,主要供消防车从市政给水管网或室外消防给水管网取水实施灭火,也可以直接连接水带、水枪出水灭火。城镇、居住区、企事业单位的室外消防给水,一般采用低压给水系统,常常与生产给水管道合并使用。

室外消火栓在长期的使用过程中,主要面临如下问题:由于道路改造施工、车辆撞击等各种原因,致使室外消火栓遭到破坏或者水压不够,关键时刻严重影响消防灭火救援的顺利和开展;一些临时施工、园林绿化等非法使用消火栓免费水,有的甚至出现擅自拆除、迁移消火栓的行为。

室外消火栓状态监控系统主要通过智能采集终端获取室外消火栓的水压、倾斜角度等数据,再通过 NB-IoT 网络把数据传输到消防物联网平台。室外消火栓监测系统如图 1-15 所示。

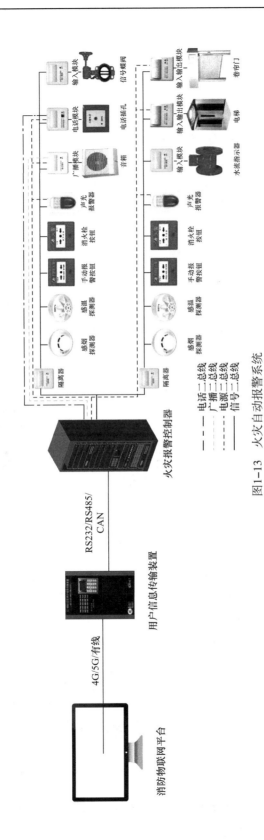

图1-13　火灾自动报警系统

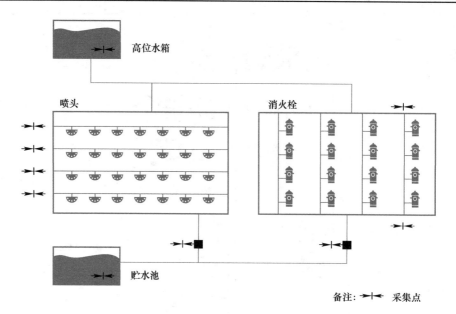

图 1-14　建筑消防水监控系统传感器布置示意图

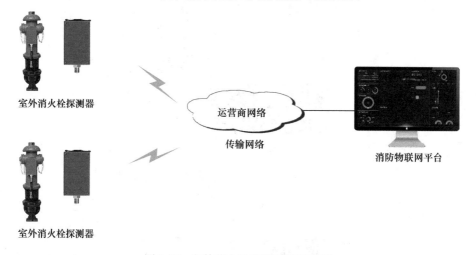

图 1-15　室外消火栓监测系统示意图

（4）电气火灾远程监控系统

通过分析发现，电器引起火灾的原因有多个方面，主要是电线短路、过负荷用电、接触不良、设备老化、电器设备质量不合格等。

建设电气火灾远程监控系统，利用电气火灾探测器、剩余电流互感器和温度传感器对各类电气系统的运行温度、配电箱温度、漏电流情况、配电箱温度等进行实时监测与管理，及时发现和处理各类电气火灾隐患，有效减少各类建筑电气短路、过流、过载等导致的火灾发生。

电气火灾远程监控系统主要由前端探测器、电气火灾监控设备和传输装置组成。系统架构如图 1-16 所示。

前端探测器包括剩余电流传感器、温度探测器、电气火灾探测器，对各类电气系统的运行温度，漏电情况等进行实时监测。

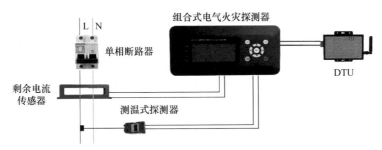

图 1-16　电气火灾远程监控系统示意图

传输装置根据使用场景不同可采用不同方式进行联网：小场所可通过数据传输单元（DTU）将组合式电气火灾探测器数据进行联网回传至消防物联网平台；重点单位等大型场所通过电气火灾监控设备对前端传感器进行汇聚管理，通过用户信息传输装置对接电气火灾监控设备，实现设备、数据和告警信号的联网。

（5）独立式烟感探测系统

目前建筑一般都安装火灾自动报警系统，且火灾探测器主要安装在房间、楼梯间、走道、电梯前室等位置，而部分的区域未有火灾自动报警系统覆盖。因此，为减少火灾损失和人员伤亡，使用独立式火灾探测报警器是非常必要的。系统架构如图 1-17 所示，而图 1-18 进一步描述了一个基于无线 433 协议的物联网烟感探测系统的一种实现框架。

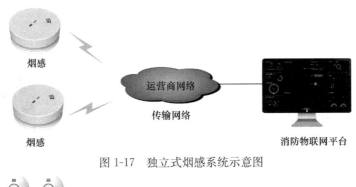

图 1-17　独立式烟感系统示意图

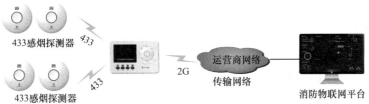

图 1-18　433 感烟探测系统图

（6）独立式可燃气体探测系统

可燃气体是指能够与空气（或氧气）在一定的浓度范围内均匀混合形成预混气，遇到火源会发生爆炸的，燃烧过程中释放出大量能量的气体。日常生活中常见的可燃气体主要为天然气。天然气中，90% 是甲烷（CH_4），天然气泄漏无毒，但是容易造成窒息，天然气的爆炸极限为 5%～15%，遇火会引起爆炸。

可燃气体的泄漏会造成巨大的危害，给人民生活、财产带来巨大威胁。在可燃气体使用区域安装可燃气体探测器，对甲烷进行监测。当气体浓度超过阈值时，及时报警并通知相关责任人，减少因气体泄漏等造成的人员伤亡和财产损失。可燃气探测报警系统由可燃气体探测器、声光报警器、传输网络以及物联网平台组成。系统架构如图 1-19、图 1-20 所示。当探测器检测气体浓度达到报警设定值时将发出声光报警提示，提醒立即采取有效措施。同时探测器将报警信息通过网络回传至消防控制室或者管理部门，以便在紧急情况下采取相关应急处置措施，如消防控制室一旦收到气体浓度超标报警，及时切断阀门并启动风机，达到及时排险的目的。

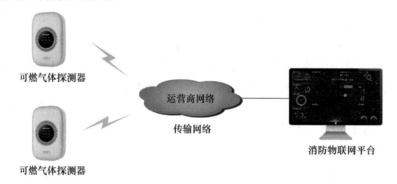

图 1-19　可燃气体探测系统示意图

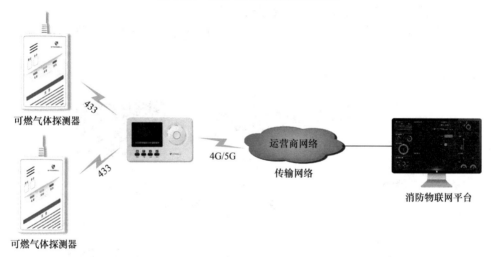

图 1-20　433 可燃气体探测系统示意图

（7）消防设施可视化巡查系统

现阶段，消防设施的巡查主要依赖于安保人员的人工巡查，不仅费时费力，而且有些单位存在"应付"心态，造成玩忽职守、巡查不到位、漏检、补做记录等违规现象，给设备持续有效运行制造了障碍。同时，消防设施未能联网管理，设备状态发生损坏、设备位置被挪变、设备过了使用有效期、设备运行发生故障等信息不能及时反馈给管理员，也不能被有效记录留档，这些都是消防安全隐患。

通过对巡查设备配置 NFC 标签，利用可视化巡查 APP 应用与智能标签技术的有机结合，实现传统防火巡查计划的自动生成、巡查过程的实时监督、巡查记录的电子化和规范化。消防设施可视化巡查系统主要由 NFC 标签、巡查单兵、巡查 APP 以及管理平台组成。系统架构如图 1-21 所示。通过在消防设施上增加 NFC 标签，管理平台制定巡查计划和路线，并通过 APP 下发至巡查单兵，巡查人员按照巡查计划和时间开展巡查，通过巡查单兵对 NFC 标签进行识别，实现巡查过程的实时监督、巡查记录的电子化和规范化。

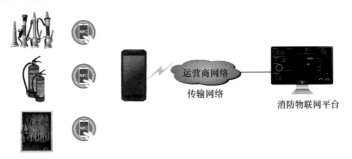

图 1-21 消防设施巡查系统示意图

（8）视频监控系统

视频监控系统主要由摄像机（通用摄像机、AI 双目摄像机、热成像摄像机）、NVR 组成，实现对消防通道、登高场地、消控室、仓库等重点防火位置的智能可视化监管。视频监控系统的结构如图 1-22 所示。

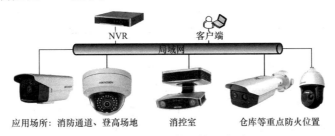

图 1-22 视频监控系统示意图

1）消控室值守监控

《消防控制室值班管理规定》要求 7×24h 有人值班，但现在许多单位企业都达不到要求，监管部门也缺乏有效的手段实现全面的监督，无法真实了解现场的值班情况。有些单位无值班记录和巡查记录，为了应付检查，采取事后补做记录、记录的形式上自欺欺人、不负责任。通过视频监控，实现消防控制室远程视频查岗、在离岗检测等功能。政府、行业主管部门、消防部门可以快速了解建筑的基本配备情况和人员 24h 在岗情况，确保建筑物一旦有警情，可以调集就近力量第一时间赶到事发地点，快速有效地处理初期火灾。

2）消防通道、登高场地视频监控

消防安全通道是生命通道，任何单位、个人不得占用、堵塞、封闭疏散通道、安全出口、消防车通道，但在实际情况中许多消防重点单位都没有意识到该问题，经常出现占用、堵塞情况。在消防通道安装智能识别监控系统，实现通道内物品堵塞智能识别，一旦出现堵塞情况，自动产生报警信号并上传到中心平台，确保消防通道、安全出口、防火门正常工作。

3）仓库等重点部位热成像摄像机监控

在一些重点单位的日常运营中，会在仓库中存放大量的货物，而部分仓库存放的货物中存在易燃物品或者贵重物品，这类仓库对防火的要求很高，一旦起火损失会非常严重。在重点防火区域安装热成像摄像机，了解清楚防火区域的正常工作温度以及周边货物的起火点温度，在起火点温度与正常工作温度之间取一个值作为热成像摄像机的报警阈值，监控区域内只要有温度超过阈值，热成像摄像机就会发送报警信号给监控中心，而软件平台则会将该报警信息通过联动短信、邮件等方式在第一时间发送给监管人员，以便监管人员尽早处理火情隐患。

4）定点监测

针对重点防火区域，采用热成像筒机进行在线实时定点监测，当货物表面温度出现异常即可快速报警，同时，热成像筒机支持火点检测，针对区域内筒机无法覆盖的货物间隙，若产生火点，可快速检测火情、准确报警。

5）巡航检测

在高点架设一台热成像、双光谱球机，可针对几个重点防火区域设置巡航扫描，实时动态检测火点。同时，当现场产生火情报警时，可调用球机快速确认现场实际情况。

（9）智慧消防物联网平台

1）平台组成

平台架构遵循业务主线从下而上的分层，包括：支撑层、服务层、应用层及展示层。平台架构如图 1-23 所示。

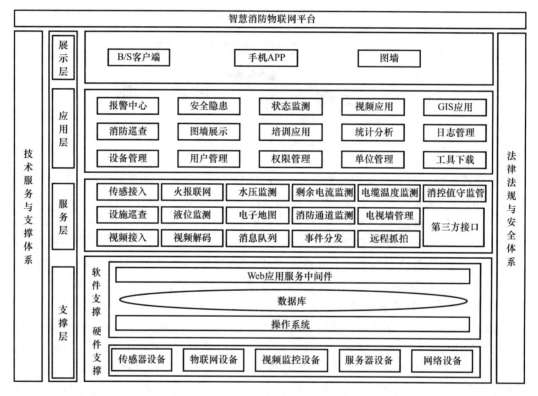

图 1-23 平台逻辑架构图

① 支撑层分为硬件支撑平台和软件支撑平台，硬件支撑平台包括传感器设备、物联网设备、视频监控设备、服务器设备、网络设备等；软件支撑平台包括操作系统、数据库、Web 应用服务中间件等。

② 服务层提供传感接入、事件分发、设施巡查、电子地图、视频接入、视频解码、消息队列、远程抓拍、第三方接口等服务。

③ 应用层提供报警中心、安全隐患、状态监测、视频应用、GIS 应用、消防巡查、

图墙展示、培训应用、统计分析等业务应用功能，并提供日志管理、设备管理、用户管理、权限管理、单位管理等完善的系统管理功能。

④ 展示层为客户提供 B/S 客户端、手机 APP、图墙等多样的展示方式，满足客户多样的操作体验需求。

2）平台功能模块

① 报警中心模块

报警中心是消防报警的集中展示中心，包括报警总览、实时报警、历史报警等模块。中心能够展示消防系统接入的主机和探测器等终端上报的消防业务报警数据和系统运行状态数据。

② 安全隐患模块

安全隐患主要针对消防相关设备的日常管理，包含联网设备故障、巡查设备故障、一键上报故障等模块。

③ 状态监测模块

状态监测包括实时监测与历史监测。实时监测对火灾自动报警系统、独立式烟感、建筑消防水系统、市政消火栓、电气火灾监控系统、可燃气体探测相关主机、设备、传感器状态进行实时监测和管理。历史监测以折线图展示各监测点的历史监测数据，默认显示一个月所有的数据，支持按照月进行调整展示。

④ GIS 应用模块

支持在线版本地图资源；支持对添加到 GIS 地图上面的资源点和地名进行搜索，搜索结果会按照资源点类型进行归类，可以快速定位到某个资源点并查看其信息；支持地图放大、缩小、上下左右平移、全屏的操作；支持查看单位的详细信息、平面图、报警详情及视频信息，并支持对视频进行预览回放；支持报警红色图标展示、故障黄色图标展示、离线灰色图标展示、正常蓝色图标展示；支持单位有未处理报警时，红色闪烁。

⑤ 视频应用模块

视频应用模块是在系统收到火灾自动报警后，根据摄像头与火警探头、所在区域的对应关系，自动调出对应的视频重点单位和区级监控中心的视频图像，实现对重点单位、区级监控中心处理火警过程的监管，并自动保存视频作为管理依据。

⑥ 巡查应用模块

巡查应用主要针对消防相关设备的巡查管理，包含巡查点管理、巡查计划管理、巡查记录、巡查统计、巡查 App 等模块。

⑦ 培训应用模块

培训应用是针对消防从业人员能定期进行业务学习的一个功能模块，主要涉及规章制度、消防基础知识、消防进阶知识、预案、演练等模块，主要支持文档资料和视频资料两种形式。平台支持文档的在线查看学习，支持视频资料查看并可下载到本地进行查看学习。

⑧ 消控室监控模块

消控室作为联网单位的消防核心，需要实时关注联网单位的消防安全状况。因此，需要对消控室的值班人员的值班情况进行及时的掌握。系统支持对联网单位消控室值班人员进行查岗。查岗指令下达后，5min 内若有应答，则表示在岗；5min 后若没有及时应答，则表示离岗。系统支持单个消控室查岗、多个消控室一键查岗等功能。

⑨ 统计分析模块

设备报警模块能随时查询、获取重点单位消防安全运行情况，并可针对不同联网重点单位建筑物内消防设施的运行状态、故障状况、诊断维护、报警信息等海量信息进行集中查询。它主要包含报警统计、设备统计、单位统计等模块。

⑩ 管理功能模块

管理功能主要针对单位、人员、设备的管理，包含组织管理、单位管理、设备管理、角色管理、用户管理、日志管理、报警联动配置等模块。

⑪ 移动 App

根据用户负责的区域、单位，展示今日概况，包括今日报警、未处理报警、今日隐患、未处理隐患等数据。App 涵盖报警中心、预览回放、状态监测、安全隐患、统计分析、巡查等六大模块。并显示最新的 3 条未处理的报警信息，巡查人员能快速响应。针对巡查人员，App 还支持扫描二维码或者 NFC 展示巡查点的信息，包括巡查点名称、状态、巡查员、位置、巡查时间及所属部件的状态；App 还支持手机一键上报功能，上报消防隐患数据，隐患数据包括隐患内容描述及相关隐患图片。

1.3.3 办公建筑能效监管系统

1. 办公建筑能效监管系统概述

随着我国经济的快速发展，能源供需紧张状况也日益严重，人均能源资源相对不足，严重限制我国经济社会的可持续发展。建设部等《关于加强国家机关办公建筑和大型公共建筑节能管理工作的实施意见》（建科〔2007〕245 号）披露，2007 年，办公建筑和大型公共建筑年耗电量约占全国城镇总耗电量的 22%，每平方米年耗电量是普通居民住宅的 10～20 倍，是欧洲、日本等发达国家同类建筑的 1.3～2 倍。据清华大学建筑节能研究中心发布的《中国建筑节能年度发展研究报告 2020》，2018 年，中国建筑总运行能耗占全社会总能耗的 22%，建筑运行相关的 CO_2 排放占总排放的 22%。因此，建筑节能，势在必行。

建筑行业的能耗消耗种类较为集中，大致分为 5 类，即电能、水能、燃气、集中供热、集中供冷。根据中国建筑能耗信息网提供的资料显示，就电能消耗分析，大型建筑的能耗密度约为空调能耗 40%，公共与办公照明能耗 47%，一般动力能耗 2.9%，其他用电能耗 10.1%。而在大型商场中的照明能耗占 40% 左右，电梯能耗占 10% 左右，空调系统的能耗则是占到了 50% 左右。一栋大楼的能源消耗一般可以包括由图 1-24 所示的几个方面。

大型办公建筑普遍面临着环境的日趋舒适，能耗却在快速增加的情况。在目前楼宇自动化系统中，基本可以进行各个系统的分散监视、控制和管理。但缺少对各种能耗数据的统计、分析，并且结合建筑的建筑面积、内部的功能区域划分、运转时间等客观数据，对整体的能耗进行统计分析并准确评价建筑节能效果评估和发展趋势。

从设备管理角度来看，大型办公建筑的空调设备不仅仅消耗单一的能源，对于能源的转化，单纯的设备监测就不能够综合评估设备的运行效率和帮助挖掘节能潜力。而办公建筑能效监管系统就是依据各类机电设备运行中所采集的反映其能源传输、变换与消耗的特征，通过数据分析和节能诊断，明确建筑的用能特征，发现建筑耗能系统各用能环节中的问题和节能潜力，通过建筑设备管理系统实现对智能建筑内所有的空调机组设备、通排风设备、冷热源设备、给水排水系统、照明设备等的运行优化管理，提升建筑用能功效，实现能源最优化，最终达到设备管理、环境温湿度的舒适性控制、节能管理等功能，致力于创造一个高效、节能、舒适、高性价比、温馨的环境。

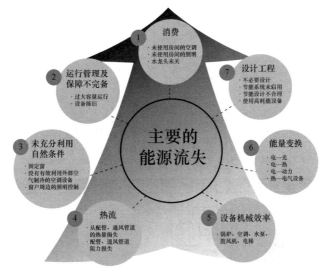

图 1-24　建筑能源消耗示意

2. 办公建筑能效监管系统的特点

大型办公建筑具有占地面积大，建筑功能多样化，能提供舒适、明亮的环境，保证一定人流量等特点。通过能效监管系统的建立和运行，能有效地发现大型建筑内部的用能异常、能耗漏洞，对不合理的用能计划进行革新，更加合理地分配和利用各类能源，从而更精准地控制能源消耗。在保证提供舒适的环境下，帮助企业内部建立起节能管理的模式，挖掘自身的节能潜力并结合技术节能措施，有效地降低能源消耗，增强企业的核心竞争力，并产生巨大的经济效益和社会效益。主要特点体现在以下几个方面：

（1）完善能源信息的采集、存储、管理和利用；

（2）建立分散控制和集中管理机制；

（3）减少能源管理环节，优化能源管理流程，建立客观的能源消耗评价体系；

（4）减少能源系统运行管理成本，提高劳动生产率；

（5）加快能源系统的故障和现场处理，提高能源事故的反应能力；

（6）节约能源和改善环境。

3. 办公建筑能效监管系统的组成

（1）系统硬件架构

办公建筑能效监管系统的硬件架构分为三个部分：前端监测/控制设备、集中监控数据中心、集中监测控制软件平台。如图 1-25 所示的办公建筑能效监管系统总体架构中：

1）前端监测/控制设备属于感知层组网，实现办公房间内能耗（电能）的信息收集，同时它能接收能耗监控数据中心的指令，实现设备的开断与调节集中控制；

2）集中监控数据中心通过通信总线收集、监测、控制各办公房间的设备控制/监测开关的性能数据，其作为能耗状态信息的汇集地，为能耗监测与节能减排管理提供数据和物理链路支持；

3）集中监测控制软件平台是系统功能承载体，是人机交互平台，平台提供多种接入方式，满足固定式、移动式能耗集中监控需求。

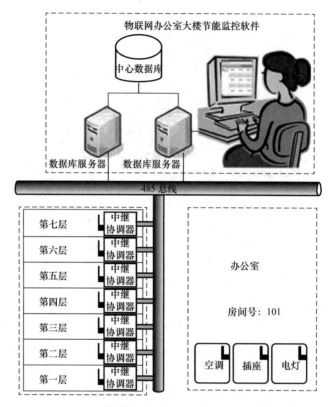

图 1-25 办公建筑能效监管系统总体架构示意

（2）能效监管软件平台体系架构

物联网办公建筑能效监管软件平台体系结构如图 1-26 所示，图 1-26 所示的能效监管软件平台体系需要完成的功能在表 1-1 中给出。该软件结构上主要包括：人机交互界面、WCF Ria 服务、业务逻辑、数据访问等。为了丰富界面展示效果，可采用专业界面控件作为人机交互界面主要技术手段，该技术提供了一种在 Web 上体现强交互性的解决方案。WCF Ria 服务为人机交互界面提供与平台的数据通信通道。业务逻辑负责能耗数据的数据采集、处理、统计计算、前端监测/控制设备控制策略等工作。数据访问提供对数据库的存储、访问支持。

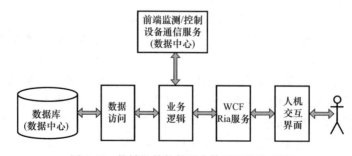

图 1-26 能效监管软件平台体系架构示意图

能效监管软件平台体系的功能		表 1-1

序号	功能项	功能描述
1	首页总览功能	虚拟建筑组态画面或加载建筑地图 GIS 信息显示
		实时显示总能耗、各分类能耗、碳排放量、标准煤数据以及同比环比数据
		建筑物所在地天气情况以及其他重要数据信息
2	数据监测功能	数据实时监测与存储，支持断点续传，完成与数据采集器对接，实现规定周期内数据自动监测
		能耗数据分类分项实时监测
		环境及相关设备信息参数监测
		人工录入功能
3	数据中心功能模块	参数查询功能
		能耗趋势分析
		历史能耗分析
		总表分表管理分析
		能耗数据排名对比
		能耗指标分析
4	节能控制模块	系统实现大楼房间设备的统一监测、控制和管理功能
		可远程监测环境温度、风机盘管运行、风速、冷暖状态、照明系统、插座系统等
		系统可实现每个房间内温度不能超过管理方要求的设定温度（例如夏季不能低于 26℃，冬季不能高于 22℃），个人手动设置无效，只能通过管理者调整
		为了值班人员操作简便，系统软件将对每一栋楼未关电灯、空调、热水器进行统一界面显示
5	报表统计	各类能耗统计报表及节能分析报表
		支持逐日、逐周、逐月、逐年及自定义时间段查询功能
		报表内容及格式可按用户需求订制
6	综合管理	建筑信息进行统一管理及录入
		对管理人员进行权限管理
		异常数据处理
7	扩展功能	能耗采集点在网络架构内可以随意扩展
		能耗采集器可以直接对接省市平台
8	运维管理	每个设备有唯一二维码标识
		设备信息进行统一管理及录入
		微信一键报修
		每个项目独立建档

1.4 物联网工程设计

1.4.1 面向工程设计的物联网层次模型

传统意义上的网络拓扑结构中，将网络中的设备和节点描述成点，将网络线路和链路描述成边。随着网络的不断发展，单纯的网络拓扑结构已经无法全面描述网络；因此，在逻辑网络设计中，网络结构的概念正在取代网络拓扑结构的概念，成为网络设计的框架。网络结构是对网络进行逻辑抽象，描述网络中主要连接设备和网络计算机节点分布而形成的网络主体框架。网络结构与网络拓扑结构的最大区别在于：在网络拓扑结构中，只有点和边，不会出现任何设备和计算机节点；网络结构主要描述连接设备和计算机节点的连接关系。

通常网络工程主要由局域网和实现局域网互联的广域网构成，因此可以将网络工程中的网络结构设计分成局域网结构和广域网结构两个设计部分内容。对物联网工程，特别是建筑物联网工程，由于需要响应感知、接入、汇聚的需求，通常需要对汇聚层、接入层、感知层进行设计。

从研究角度看待物联网应用架构与实现技术时，通常将物联网的实现分成感知层、网络层、应用层三个层次，具体如图1-27所示。面向物联网的构建，图1-28中，自下而上可以看到物联网端系统、互联网端系统、企业或校园网、地区主干网、国际或国家主干网以及数据中心等物联网系统构成的不同层次。

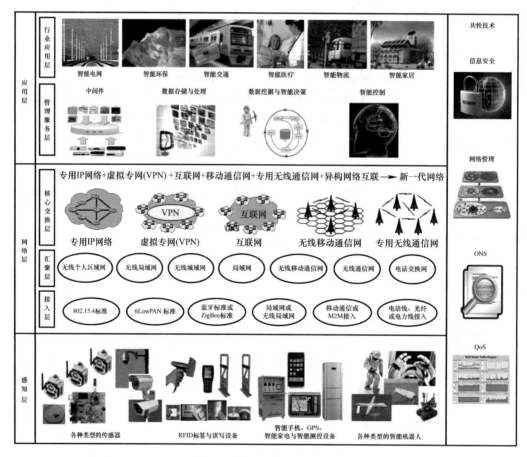

图 1-27　物联网体系结构模型

相较于常见的计算机网络设计，物联网应用系统在部署时，感知层、接入层、汇聚层的设计是需要特别关注的。

关于感知层的设计，要充分考虑感知系统的覆盖范围、工作环境，包括供电保障。要根据具体的需求，设计最佳的感知方案。在很多情况下，光纤传感可能是不错的选择。

关于接入层的设计，由于接入层为用户提供了在本地网段访问应用系统的能力，因此要解决相邻用户之间的互访需要，并且为这些访问提供足够的带宽。同时，接入层还应适当负责一些用户管理功能，包括地址认证、用户认证、计费管理等内容，并负责一些用户信息收集工作，如用户的 IP 地址、MAC 地址、访问日志等。

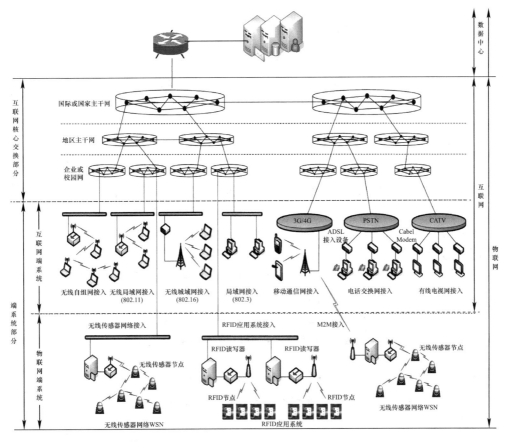

图 1-28　物联网构建层次结构

　　汇聚层是骨干层和接入层的分界点，在设计汇聚层时，应尽量将出于安全性原因对资源访问的控制、出于性能原因对骨干层流量的控制等都在汇聚层实施。为保证层次化的特性，汇聚层应该向骨干层隐藏接入层的详细信息，例如，不管接入层划分了多少个子网，汇聚层向骨干层路由器进行路由宣告时，仅宣告多个子网地址汇聚而形成的一个网络。另外，汇聚层也会对接入层屏蔽网络其他部分的信息。例如，汇聚层路由器可以不向接入层路由器宣告其他网络部分的路由，而仅仅向接入层设备宣告自己是默认路由。为了保证骨干层连接运行不同协议的区域，各种协议的转换都应在汇聚层完成。例如，在局域网络中，运行了传统以太网和弹性分组环网的不同汇聚区域或者运行了不同路由算法的区域，可以借助于汇聚层设备完成路由的汇总和重新发布。

1.4.2　感知层结构与接入技术

　　感知层要将物品连接到网络，可考虑图 1-29 所示的直接连接、网关辅助连接以及服务器辅助连接三种连接。

　　（1）直接连接：物品直接接入网络，与其他物品和服务器相连。对智能物品在计算和组网方面的需求比较高，对网关的需求比较低，对节点和业务模型的配置不是很灵活。

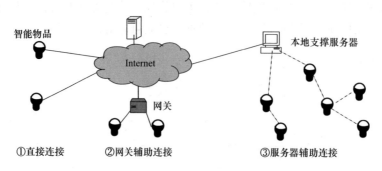

图 1-29　感知层接入方式

（2）网关辅助连接：物品通过网关接入后与其他物品和远程服务器相连。对智能物品在计算和组网方面的需求比较低，对网关的需求比较高，对节点和业务模型的配置很灵活。

（3）服务器辅助连接：物品通过本地、公共的支撑服务器汇聚以后与远程服务器相连。对智能物品的计算能力和网关的需求比较低，对智能物品的组网能力需求比较高，对节点和业务模型的配置很灵活。

关于物联网应用中感知系统的接入方式的选择，需要根据感知系统的特点选择合适的接入方式。

（1）对孤立的感知系统，可以选用 4G/5G 等无线方式接入到 Internet。

（2）对集中式的感知系统、用户系统，可以选用局域网、WLAN 等方式接入 Internet。

（3）对用户系统，可以选用 WLAN、4G/5G 等方式接入 Internet。

（4）对数据中心，可以选用光纤直连等方式接入 Internet。

在建筑物内，由于综合布线系统实现了建筑物各部分基于局域网的互联，常见终端设备或智能物品通过无线 AP（无线接入点）接入。在建筑物内使用无线 AP 接入智能物品或终端设备时，一般使用瘦 AP 方式，这样便于建筑物内全部无线 AP 的集中控制。进一步，为便于工程实现以及管理上的进一步集中，对无线 AP，通常采用 POE（Power Over Ethernet）方式供电。

1.4.3　建筑物联网的接入层设计

对部署在建筑物里的物联网系统，由于综合布线系统实现了建筑物各部分基于局域网的互联，一般使用接入交换机实现物联网感知层的接入。物联网接入层的设计包括了接入层拓扑结构设计、接入层功能设计、接入层性能设计、接入层安全设计、接入层可靠性设计、接入层网络管理设计等。

（1）接入层拓扑结构设计

接入层的拓扑结构一般采用星形结构，设计时不采用冗余链路，一般不进行路由信息交换。接入层设备应具有良好的扩展性，如果是对用户集中的环境，接入交换机应提供堆叠功能。网络如果形成环路，应选择支持 IEEE 802.1d 生成树协议的交换机。

（2）接入层功能设计

在对接入层的功能进行设计时，对接入交换机，需要考虑的因素有：①交换机端口密度是否满足用户需求；②交换机上行链路采用光口还是电口；③交换机端口是否为今后的扩展保留了冗余端口；④交换机是否支持链路聚合。基于性价比的考虑，实际物联网接入层的工程设计时，接入层交换机往往采用固定式2层交换机。

（3）接入层性能设计

对接入层的性能，可以考虑利用 VLAN 划分等技术隔离网络广播风暴。对接入交换机，一般上行端口的传输速率应当比下行端口高出1个数量级。同时，若交换机之间的距离小于100m时，可以采用双绞线相连；如果交换机之间相距较远，可以采用光电收发器进行信号转换和传输。

（4）接入层安全设计

关于接入层的安全，在设计时，可以将每个端口划分为一个独立的 VLAN 分组，这样就可以控制各个用户终端之间的互访，从而保证每个用户数据的安全。为保证接入层以及网络的安全运行，接入层交换机应能提供端口 MAC 地址绑定、端口静态 MAC 地址过滤、任意端口屏蔽等功能。

（5）接入层可靠性设计

对建筑物联网，由于接入层设备大多放置在楼道中，因此设备应该对恶劣环境有良好的抵抗力。同时，由于建筑物的设备间空间有限，网络设备的尺寸也是一个不可忽略的问题。

对室外设备，应设置在地理位置较稳定的区域，不易受以后基建工程建设的影响，同时尽量避开外部电磁干扰、高温、腐蚀和易燃易爆区的影响。

（6）接入层网络管理设计

建筑物联网中，接入点一般距网络中心较远，而且节点分散，数量众多，接入设备良好的可管理性将大大降低网络运营成本。因此可以选用可网络管理的交换机。需要注意的是，接入层网络管理还必须解决不同厂商设备组网下的网络管理问题。

1.5 物联网通信与组网新技术

早期，物联网概念的产生与 WiFi、蓝牙以及 ZigBee 等短距离通信技术的应用密不可分。但随着技术发展到今天，人们提及物联网，就不再局限于短距离通信技术了，长距离通信技术（包括 LoRa、NB-IoT、4G/5G、eMTC 等）的日益成熟大大加速了各种物联网垂直应用和飞速落地。换言之，物联网中的通信技术包含了短距离和长距离通信技术，各自的通信速率也有所差异，具体见图 1-30。近年来出现了一种远距离、低功耗的无线通信技术，叫 Long Range（简称 LoRa）。LoRa 是为低功耗广域网（Low Power Wide Area Network，LPWAN）设计的一种通信技术。除 LoRa 外，LPWAN 的另外一种典型通信技术是 NB-IoT。

LPWAN 是一种革命性的物联网无线接入新技术，与 WiFi、蓝牙、ZigBee 等现有成熟商用的无线技术相比，具有远距离、低功耗、低成本、覆盖容量大等优点，适合于在长距离发送小数据量且使用电池供电方式的物联网终端设备。LPWAN 作为一个新兴的、刚起步的技术，其市场普遍被看好，各厂商争先研究 LPWAN，参与标准制定，设商用试点，市场呈现百家争鸣、蓬勃发展的态势。LoRa 作为非授权频谱的一种 LPWAN 无线技术，相比于其他无线技术（如 Sigfox、NWave 等），其产业链更为成熟、商业化应用较早。LoRa 技术经过 Semtech、美国思科、IBM、荷兰 KPN 电信和韩国 SK 电信等组成的 LoRa Alliance 国际组织进行全球推广后，目前已成为新物联网应用和智慧城市发展的重要基础支撑技术。

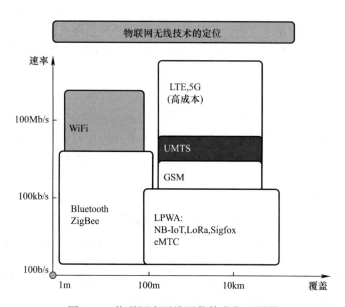

图 1-30　物联网中无线通信技术位置图谱

1.5.1　LoRa

1. LoRa 基本概念

　　LoRa 具有远距离、低功耗、低数据速率、低复杂度、低成本等特点，主要适用于自动控制、数据采集和物联网等领域，同时旨在构建生态物联网。以往，在 LPWAN 产生之前，似乎只能在远距离以及低功耗两者之间做取舍。LoRa 无线技术的诞生，改变了关于传输距离与功耗的折中考虑方式，在同样的功耗条件下比其他无线方式传播的距离更远，实现了低功耗和远距离的统一，它在同样的功耗下比传统的无线射频通信距离扩大 3～5 倍。

　　LoRa 使用线性调频扩频调制技术，既保持了像 FSK（频移键控）调制相同的低功耗特性，又明显地增加了通信距离，同时提高了网络效率并消除了干扰，即不同扩频序列的终端即使使用相同的频率同时发送也不会相互干扰，因此在此基础上研发的集中器/网关（Concentrator/Gateway）能够并行接收并处理多个节点的数据，大大扩展了系统容量。有了物理层的 LoRa 通信技术，由 LoRa 联盟推出的低功耗广域网标准——LoRaWAN（Long Range Wide Area Network）是用来定义网络的通信协议和系统架构。此协议和架构对于终端的电池寿命、网络容量、服务质量、安全性以及适合的应用场景，都有深远的影响。

　　LoRa 主要在全球免费频段运行（即非授权频段），包括 433MHz、868MHz、915MHz 等。LoRa 网络主要由终端（内置 LoRa 模块）、网关（或称基站）、服务器和云四部分组成，应用数据可双向传输。基于 LoRa 的网络通信结构如图 1-31 所示，远距节点可以透过多台网关（Gateways）与后端网络服务器连接，将数据上传后送至云端或服务器上。在 LoRa 网络中，每个节点并不会彼此相连，需先连至网关后，才能连回中央主机，或是通过中央主机将数据传到另一个节点。终端节点的信息可以同时传给多个网关，信息也可通过网关之间的桥接，进一步延伸其传输距离。网关和核心网或者广域网之间的交互可以通过 TCP/IP 协议完成，也可以通过有线连接，抑或是 3G/4G/5G（未来的 6G）等无线连接。另外，为了保证数据的安全性、可靠性，LoRaWAN 采用了长度为 128bit 的对称加密算法 AES 进行完整性保护和数据机密性保护。

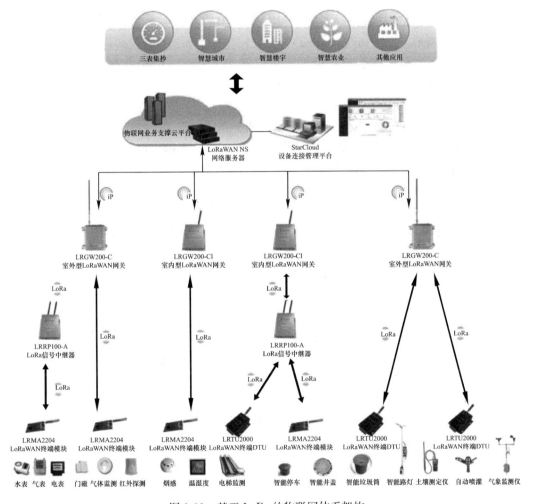

图 1-31　基于 LoRa 的物联网体系架构

终端节点有两种入网方式：空中激活方式（Over The Air Activation，OTAA）和独立激活方式（Activation By Personalization，ABP）。OTAA 激活过程需要三个参数支撑，分别为 DevEUI、AppEUI、AppKey。DevEUI 类似于终端的 MAC 地址，标识唯一的终端设备；AppEUI 标识唯一的应用提供者，比如垃圾桶监测应用、路灯监测应用、燃气泄漏监测应用、烟雾报警应用等，都有唯一的 ID；AppKey 是一个 128 位的 AES 应用密钥，由该应用程序所有者负责分配给终端设备，从每一个应用独立的根密钥推演出来的。每当一个终端设备通过加入过程加入网络时，AppKey 用于推演出为终端设备定义的会话密钥 NwkSKey 和 AppSKey，用于网络通信的安全。而应用密钥用于保障应用的端到端安全。终端在发起入网（Join）流程后，发出加网命令，网络服务器（Network Server，NS）确认无误后会给终端做允许入网回复，分配网络地址 DevAddr（32 位 ID），双方利用入网回复中的相关信息以及 AppKey，产生会话密钥 NwkSKey 和 AppSKey，用来对数据进行加密和校验。如果 ABP 激活，整个工作流程就变得比较简单，直接配置 DevAddr、NwkSKey、AppSKey 这三个 LoRaWAN 最终通信的参数，不再需要入网流程。在这种情况下，终端设备是可以直接发送应用数据的。

在 LoRaWAN 体系架构下，数据收发规定使用的数据帧类型有应答确认型（Confirmed）和无需确认型（Uncomfirmed）两种。另外，为支持应用多样性，除了用 AppEUI 划分应用类型外，在数据传输时也可以利用 FPort 应用端口来对数据分别处理。FPort 的取值范围是 1～223，由应用层指定。

2. LoRa 的技术特点和优势

能耗低、通信距离长、系统容量大、支持测距和定位等关键特征使得 LoRa 技术非常适用于要求功耗低、距离远、大量连接以及定位跟踪等物联网应用，如智能抄表、智能停车、车辆追踪、宠物跟踪、智慧农业、智慧工业、智慧城市、智慧社区等。

（1）能耗低、通信距离长

LoRa 采用新型扩频技术，大大改善了接收机的灵敏度，高达 157db 的链路预算，使其通信距离可达 15km（实际距离与具体通信环境相关）。其接收电流仅 10mA，睡眠电流小于 200μA，大大延长了电池的使用寿命。

（2）网关/集中器支持多信道多数据速率并行处理，系统容量大

网关是终端节点与 IP 网络之间的桥梁（通过 2G/3G/4G 或者 Ethernet）。每个网关每天可以处理 500 万次各节点之间的通信（假设每次发送 10Bytes，网络占用率 10%）。如果把网关安装在现有移动通信基站的位置，发射功率 20dBm（100mW），那么在高建筑密集的城市环境可以覆盖 2km 左右，而在密度较低的郊区，覆盖范围可达 10km。该网关/集中器还包含 MAC 层协议，对于高层它是透明的。

（3）基于终端和集中器/网关的系统可以支持测距和定位

LoRa 对距离的测量是基于信号的空中传输时间而非传统的接收信号强度（Received Signal Sterngth Indication，RSSI），而定位则基于多点（网关）对一点（节点）的空中传输时间差的测量，其定位精度可达 5m（假设 10km 的范围）。

3. LoRa 在建筑物联网中的应用

目前，LoRa 网络已经在全球多地进行试点或部署。据最新公布的相关数据显示，全球有 16 个国家正在部署 LoRa 网络，56 个国家开始进行试点，如美国、法国、德国、澳大利亚、印度等。荷兰 KPN 电信、韩国 SK 电信在 2016 年上半年部署了覆盖全国的 LoRa 网络，提供基于 LoRa 的物联网服务。相对于 LoRa 技术在国外发展得如火如荼，国内 LoRa 应用刚开始起步。但随着国内广域物联网喷发式的发展和 CLAA 组织对 LoRa 应用的积极推动，国内基于 LoRa 应用的试点将会越来越多地被部署在各行各业，以提供优质、高效的物联网服务。

LoRa 网络适用的应用案例　　　　　　　　　　　　　　表 1-2

场景	应用案例
智能产业	资产跟踪、资产过程自动化、自动化、环境监测、工业照明、商业安全、基础设施监测、水管和其他各种应用等
智能公共设施	水、电、煤气的智能化管理（最主要是智能计量）
智慧社区	利用物联网、云计算、移动互联网等新一代的高新科技技术，防盗、防火、防煤气泄漏、防漏水报警，推送小区活动通知、水电煤缴费通知等，为居民提供一个安全、舒适、便利的智能化生活环境
智能城市	与市政资源和服务的管理相关的应用，如街道照明、垃圾管理、停车管理环境监测、交通监测、应急管理和公共交通管理等
智能建筑	暖通空调（供暖、通风、空调）、能源管理、安全、照明和房间自动化等应用

　　智能建筑管理系统是一种典型的基于 LoRa 技术的物联网应用。图 1-32 描述了一个基于 LoRa 的智能建筑能源管理监测方案。

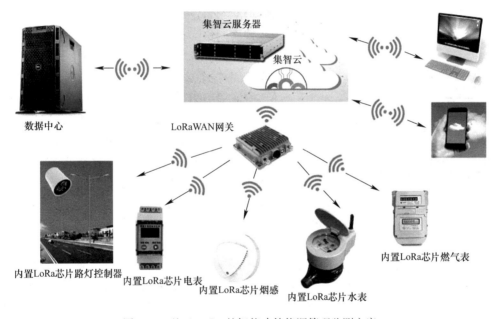

图 1-32　基于 LoRa 的智能建筑能源管理监测方案

　　（1）针对现场数据采集设备，选择带有继电器的远传电能表、水表和冷热量表，通过有线的方式连接 LoRa 模块。电表采集到的 RS485 数据信号通过 LoRa 模块上的 IN 引脚传入模块内，经过模块转换传输到 LoRa 网关，网关与云端服务器相连接，实现数据的集中上传和统一管理。

　　（2）在管理层设置计算机终端，对其开放接入云端服务器的权限，实现数据的调取，实时分析能耗情况，对建筑物的能源消耗进行管理。通过长时间、大量数据的收集，建立建筑物能耗管理的数据库。通过对数据的分类、汇总，查看数据的发展方向和趋势，深入挖掘数据中潜藏的内在规律，形成大数据，最终总结出一种适合建筑物的最佳能耗管理方案，快速推动建筑节能的发展与革新。

由图 1-32 所示的网络架构可知，由于 LoRa 具有低功耗、长距离的特点，基于 LoRa 的物联网解决方案通常采用星形拓扑结构。在该智能建筑能源管理系统中，LoRa 网关是一个透明的中继，连接云端和终端处理设备。网关通过标准 IP 与服务器连接，而终端设备采用单跳模式，实现与一个或多个网关的通信，所有的节点均是双向通信。这些计量设备之间相对独立，分布在建筑的各个位置，通过 LoRa 模块实现现场设备的数据监测，集中上传到云端服务器进行储存，并由管理层设备调取分析。通过长时间大量数据的收集，建立建筑物能耗管理数据库，构架了一种良性的生态物联网。

1.5.2 NB-IoT

1. NB-IoT 基本概念

窄带物联网（Narrow Band Internet of Things，NB-IoT），又称基于蜂窝的窄带物联网，聚焦于低功耗广覆盖（LPWA）物联网（IoT）市场，是一种可在全球范围内广泛应用的新兴通信技术，具有覆盖广、连接多、成本低、功耗少等特点。NB-IoT 使用授权频段，可采取带内、保护带或独立载波等三种部署方式，NB-IoT 构建于蜂窝网络，只消耗大约 180kHz 的带宽，可直接部署于 GSM 网络（2G）、UMTS（3G）网络或 LTE（4G）网络中，以降低部署成本、实现平滑升级与现有网络共存。

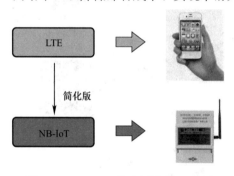

图 1-33　NB-IoT 的来源和落地应用

众所周知，物联网是 5G 的主要应用方向，5G 也属于蜂窝物联网技术。虽然 5G 很强大，但它和 NB-IoT 之间并不是简单的演进替代关系。如图 1-33 所示，NB-IoT 技术，我们可以理解为是 LTE 技术的"简化版"。NB-IoT 网络是基于现有 LTE 网络进行改造得来的。LTE 网络，为"人"服务，为手机服务，为消费互联网服务。而 NB-IoT 网络，为"物"服务，为物联网终端服务，为产业互联网（物联网）服务。

窄带物联网技术的出现，源于人们对物联网通信的实际需求。早期运营商在推广 M2M 服务（物联网应用）的时候，发现企业对 M2M 的业务需求，不同于个人用户的需求。企业希望构建集中化的信息系统，与自身资产建立长久的通信连接，以便于管理和监控。这些资产往往分布各地，而且数量巨大；资产上配备的通信设备可能没有外部供电的条件（即电池供电，而且可能是一次性的，既无法充电也无法更换电池）；单一的传感器终端需要上报的数据量小、周期长；企业需要低廉的通信成本（包括通信资费、装配通信模块的成本费用）。

以上这种应用场景在网络层面具有较强的统一性，所以通信领域的组织、企业期望能够对现有的通信网络技术标准进行一系列优化，以满足此类 M2M 业务的一致性需求。总结起来，人们需要有一种通信技术，能够支持大容量的并发连接、能耗尽可能低、通信距离长、单次通信数据量小、移动性要求不强、通信延迟可容忍等。围绕这些需求，工业界和学术界掀起了 NB-IoT 研究热潮，其演进路线如图 1-34 所示。

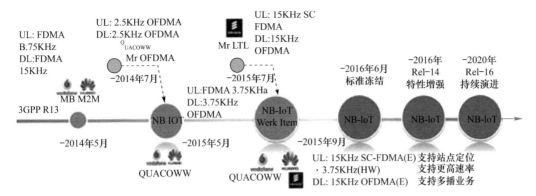

图 1-34　NB-IoT 技术演进路线

2013 年，沃达丰与华为携手开始了新型通信标准的研究，起初他们将该通信技术称为 "NB-M2M（LTE for Machine to Machine）"。

2014 年 5 月份，3GPP 的 GERAN 组成立了新的研究项目—— "FS_IoT_LC"，该项目主要研究新型的无线电接入网系统，"NB-M2M" 成为该项目研究方向之一。稍后，高通公司提交了 "NB-OFDM（Narrow Band Orthogonal Frequency Division Multiplexing，窄带正交频分复用）" 的技术方案，华为和高通主导了 NB-CIoT 以及由爱立信和中兴主导的 NB-LTE。

CIoT 作为 GERAN♯62 次会议立项的 SI 课题，主要针对蜂窝网络对面向物联网终端的技术演进。该立项课题得到华为、诺基亚、沃达丰、中国移动、Orange 和 Telecom Italy 等公司支持。其研究目标主要有：

（1）增强覆盖（相比传统 GPRS 覆盖增强 20dB，MCL 目标要求 164dBm）。

（2）支持大量低速率终端设备接入。

（3）低成本设备。

（4）低功耗（电池寿命达 10 年）。

（5）支持上下行传输。

（6）尽量小的网络改动。

NB-CIoT 提出了全新的空口技术，相对于现有 LTE 网络上改动较大。网络升级一方面带来 NB-CIoT 性能上的提高，可以全部满足 TSG GERAN 会议所提出的 5 项性能目标（提升室内覆盖，支持大规模设备连接，减小设备复杂度，减小功耗和时延）。而另一方面，NB-LTE 技术与 NB-CIoT 定位相似但更倾向对现有 LTE 网络兼容，在部署上更简单。因此，在 RAN♯69 次会议上，经过激烈讨论，各方最终达成一致，将 NB-CIoT 和 NB-LTE 两个技术方案进行融合形成 NB-IoT，作为 RAN 工作组基于 LTE 的蜂窝物联网技术演进方案，正式进行立项。对 NB-IoT 的能力提出具体的指标要求：

（1）深度覆盖，NB-IoT 比现有 GPRS 网络提升 20dB。

（2）支持单用户上下行至少 160bps，覆盖面积扩大 100 倍。

（3）具备支撑海量连接能力，一个 NB-IoT 扇区可支持 5 万个连接。

（4）更低功耗，5Wh 的电池可供终端使用 10 年。

（5）时延上更灵活，对某些应用，上行的时延可放宽到 10s。

2016 年 6 月，NB-IoT 的核心标准作为物联网专有协议，在 3GPP Rel-13 冻结。同年

9月，完成 NB-IoT 性能部分的标准制定。2017 年 1 月，完成 NB-IoT 一致性测试部分的标准制定。

2. NB-IoT 技术的特点

如图 1-35 所示，NB-IoT 具备四大特点：一是广覆盖，二是高容量，三是低功耗，四是低成本。

（1）广覆盖（增强覆盖）

为了增强信号覆盖，在 NB-IoT 的下行无线信道上，网络系统通过重复向终端发送控制、业务消息（重传机制），再由终端对重复接受的数据进行合并，来提高数据通信的质量。在 NB-IoT 的上行信道上，同样也支持无线信道上的数据重传。此外，终端信号在更窄的 LTE 带宽中发送，可以实现单位频谱上的信号增强，使 PSD（Power Spectrum Density，功率谱密度）增益更大。通过增加功率谱密度，更利于网络接收端的信号解调，提升上行无线信号在空中的穿透能力。

NB-IoT 将提供改进的室内覆盖，在同样的频段下，NB-IoT 比现有的网络增益 20dB，覆盖面积扩大 100 倍、上行功率谱密度增益 17dB（NB-IoT 的 200MW/3.75kHz 相比 2G/3G/LTE 的 200MW/180kHz）、2~16 倍的重传机制增益 3~12dB（付出时延代价，10s，但业务允许）、编译码增益 3~4dB。

低成本
模块成本小于5美元，2020年目标2~3美元

增强覆盖
164 dB MCL，比GPRS强20dB

大连接
50k终端/200kHz小区

全球标准
3GPP Rel 13

低功耗
10年电池寿命
（每2h传送一次消息）

上行报告时延:小于10s

图 1-35　NB-IoT 的特点

（2）高容量

NB-IoT 具备支撑海量连接的能力，NB-IoT 单扇区支持 50k 个连接，比现在高 50 倍（2G/3G/4G 分别是 14/128/1200）。目前全球有约 500 万个物理站点，假设全部署 NB-IoT，每站点三扇区可接入的物联网终端数将达 4500 亿个，支持低延时敏感度、超低的设备成本、低设备功耗和优化的网络架构。

由于每个小区可达 50k 连接，这意味着在同一基站的情况下，NB-IoT 可以比现有无线技术提供 50~100 倍的接入数。

1）NB-IoT 的话务模型决定。NB-IoT 的基站是基于物联网的模式进行设计的。它的话务模型是终端很多，但是每个终端的发送包小，发送包对时延的要求不敏感。基于 NB-

IoT 对业务的时延不敏感，可以设计更多的用户接入，保存更多的用户上下文，这样可以让 50k 左右的终端同时在一个小区，大量终端处于休眠态，但是上下文信息由基站和核心网维持，一旦有数据发送，可以迅速进入激活态。

2）上行调度颗粒小、效率高。2G/3G/4G 的调度颗粒较大，因为 NB-IoT 基于窄带，上行传输有两种带宽 3.75kHz 和 15kHz 可供选择，带宽越小，上行调度颗粒小很多，在同样的资源情况下，资源的利用率会更高。

3）减小空口信令开销，提升频谱效率。NB-IoT 在做数据传输时所支持的 CP 方案（实际上 NB 还支持 UP 方案，不过目前系统主要支持 CP 方案）。CP 方案通过在 NAS 信令传递数据（DoNAS），实现空口信令交互减少，从而降低终端功耗，提升了频谱效率。

（3）低功耗

基于 AA 电池，采用 NB-IoT 技术的物联网终端设备使用寿命可超过 10 年。NB-IoT 采用了 PSM（Power Saving Mode，节能模式）、DRX（Discontinuous Reception，不连续接收）和 EDRX（Extended DRX，扩展不连续接收）三大延长电池寿命的核心技术，在每日传输少量数据的情况下，可使电池运行时间至少达到 10 年。

如图 1-36 所示，在 PSM 模式下，终端设备的通信模块进入空闲状态一段时间后，会关闭其信号的收发以及接入层的相关功能。当设备处于这种局部关机状态的时候，即进入了省电模式。终端以此可以减少通信元器件（天线、射频等）的能源消耗。终端进入省电模式期间，网络是无法访问到该终端。从语音通话的角度来说，即"无法被叫"。大多数情况下，采用 PSM 的终端，超过 99% 的时间都处于休眠的状态，主要有两种方式可以激活它们和网络的通信：一是当终端自身有连接网络的需求时，它会退出 PSM 的状态，并主动与网络进行通信，上传业务数据；二是在每一个周期性的 TAU（Tracking Area Update，跟踪区更新）中，都有一小段时间处于激活的状态。在激活状态中，终端先进入"连接状态（Connect）"，与通信网络交互其网络、业务的数据。在通信完成后，终端不会立刻进入 PSM 状态，而是保持一段时间为"空闲状态（IDLE）"。在空闲状态下，终端可以接受网络的寻呼。在 PSM 的运行机制中，使用"激活定时器（Active Timer，简称 AT）"控制空闲状态的时长，并由网络和终端在网络附着（Attach，终端首次登记到网络）或 TAU 时协商决定激活定时器的时长。终端在空闲状态下出现 AT 超时的时候，便进入了 PSM 状态。根据标准，终端的一个 TAU 周期最大可达 310h；"空闲状态"的时长最高可达到 3.1h。

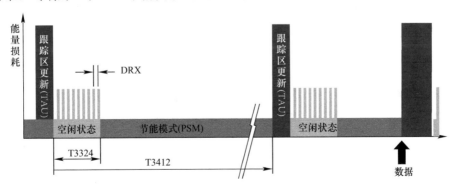

图 1-36　NB-IoT 技术中的 PSM 模式工作流程示意图

DRX（Discontinuous Reception），即不连续接收。手机（终端）和网络不断传送数据是很费电的。如果没有 DRX，即使我们没有用手机上网，手机也需要不断地监听网络（PDCCH 子帧），以保持和网络的联系，但是，这种设计方法导致手机耗电太快。因此，如图 1-37 所示，在 LTE 系统中设计了 DRX，让手机周期性地进入睡眠状态（Sleep State），不用时刻监听网络，只在需要的时候手机从睡眠状态中唤醒进入工作状态（Wake Up State）后才监听网络，以达到省电的目的。EDRX（Extended DRX）意味着扩展 DRX 周期，终端可睡更长时间，更省电。EDRX 作为 Rel-13 中新增的功能，主要思想即为支持更长周期的寻呼监听，从而达到省电的目的。传统的 2.56s 的寻呼间隔对 IoT 终端的电量消耗较大，而在下行数据发送频率小时，通过核心网和终端的协商配合，终端跳过大部分的寻呼监听，从而达到省电的目的。空闲模式不连续接收周期由秒级扩展到分钟级或高达 3h。

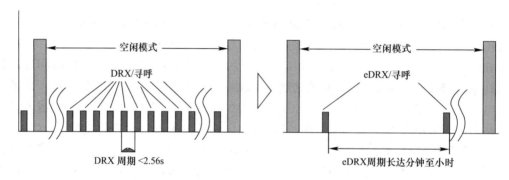

图 1-37　NB-IoT 技术中的 DRX 和 eDRX 模式工作流程示意图

（4）更低的模块成本

针对物联网应用中数据传输品质要求不高的场景，NB-IoT 具有低速率、低带宽、非实时的网络特性，这些特性使得 NB-IoT 终端不必像个人用户终端那样复杂，简单的构造、简化的模组电路依然能够满足物联网通信的需要。NB-IoT 采用半双工的通信方式，终端不能够同时发送或接收信号数据，相对全双工方式的终端，减少了元器件的配置，节省了成本。低速率业务的数据流量，使得通信模组不需要配置大容量的缓存。低带宽则降低了对均衡算法的要求，降低了对均衡器性能的要求。均衡器主要用于通过计算抵消无线信道干扰。综合这些，企业预期的单个连接模块不超过 5 美元，目前基本已经实现。

综上所述，如图 1-38 所示，和其他通信技术相比，NB-IoT 具备广覆盖、高容量、低能耗以及低成本等优势，将为窄带、低速、大连接数的物联网场景提供最佳解决方案，为运营商、垂直客户带来新的商业成功，同时对整个社会经济起到非常好的促进作用。

3. NB-IoT 应用

NB-IoT 可以广泛应用于多种垂直行业，如远程抄表、资产跟踪、智能停车、智慧农业等。早在 3GPP 标准的首个版本于 2015 年 6 月份发布后，很快就有一批测试网络和小规模商用网络出现。NB-IoT 目前已在多个低功耗广域网技术中脱颖而出。图 1-39 描述了一个基于 NB-IoT 的空调远程控制系统的总体框架。

	吞吐量	覆盖能力	终端寿命	移动性	时延	成本	容量
5G	>10Mb/s	LTE覆盖标准	不敏感	<500km/h	<1ms	不敏感	不敏感
LTE-M	<1Mb/s	155dB	5~10 years	<350km/h	<100ms	$5~10/模组	(18k)
NB-IoT	<200kb/s	164dB	~10 years	<30km/h	10s	<$5/模组	50k
LoRa	<37.5kb/s	155dB	>10 years	<30km/h	N/A	<$7/模组	10k

用户数增加 覆盖增强

速率提升 移动性增加

图 1-38　NB-IoT 为窄带、低速、大连接数的物联网场景提供最佳解决方案

如图 1-39 所示，系统主要由空调、主控制器、NB-IoT 模块、NB-IoT 基站、云平台、手机移动端 6 个部分构成。云平台将电脑客户端或者手机移动端的控制命令通过 NB-IoT 模块下发到主控制器，进而下发给空调，实现对空调的控制。主控制器将定时采集到的空调运行状态数据通过 NB-IoT 模块传输到 NB-IoT 基站，经核心网传送到云平台，用于 Web 界面展示和手机移动端的访问，从而实现用户通过手机或 Web 界面对空调运行状态的查询及空调的远程控制。

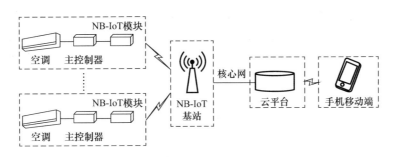

图 1-39　基于 NB-IoT 的空调远程控制系统框架

1.5.3　5G 与 WiFi 的演进

毫无疑问，物联网技术是以互联网技术为基础及核心的，其信息交换和通信过程的完成就是基于互联网技术基础之上的。通信技术与物联网的关系紧密，物联网中海量终端连接、实时控制等技术离不开通信技术的支持。5G 刺激物联网的发展，而物联网促成大数据的产生。物联网是 5G 商用的前奏和基础，发展 5G 的目的是能够给我们的生产和生活带来便利，而物联网就为 5G 提供了一个大展拳脚的舞台，在这个舞台上 5G 可以通过众多的物联网应用：智慧农业、智慧物流、智能家居、车联网、智慧城市等真正地落地实处，发挥出自己强大的作用。

如图 1-40 所示，与 LoRa 和 NB-IoT 提供低速率且容时延（Delay Tolerant）服务不同，5G 给物联网的应用注入新的活力，可以提供大带宽、低延时、高可靠性的通信服务，加速了物联网应用的快速落地。

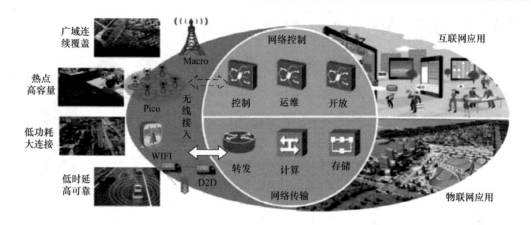

图 1-40 5G 网络发展趋势

2019 年 6 月 6 日，工业和信息化部正式向中国移动、中国联通、中国电信和中国广播电视网络有限公司发布了四张 5G 商用牌照，这标志着 5G 时代的到来。值得注意的是，低功耗广域物联网技术 NB-IoT 被正式纳入 5G 候选技术集合，作为 5G 的组成部分与 NR 联合提交至 ITU-R。据悉，ITU-R 对提交的 5G 标准提案进行复核后，将于 2020 年正式对外发布。这将意味着，NB-IoT 可在 NR in-band 部署，支持接入 5G 核心网；同时，NB-IoT 3GPP 标准将持续演进，成为 5G mMTC 关键组成部分。5G 的到来，对 NB-IoT 的应用也不会有任何影响。NB-IoT 归属于 5G，它可以部署在 5G 上，也可以部署在 4G 上，还可以部署在 2G 上。NB-IoT 是一个新的技术，所以原先的 NB-IoT 基站不存在任何退网的风险，5G 是 NB-IoT 的演进。如图 1-41 所示，国际标准化组织 3GPP 定义了 5G 的三大场景：eMBB，mMTC，uRLLC。其中，eMBB 指 3D 超高清视频等大流量移动宽带业务，mMTC 指大规模物联网业务，uRLLC 指如无人驾驶、工业自动化等需要低时延、高可靠连接的业务。

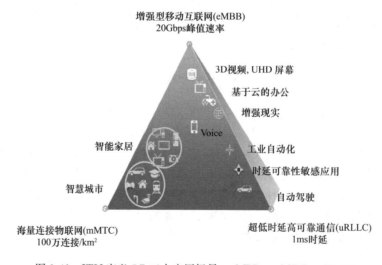

图 1-41 ITU 定义 5G 三大应用场景：eMBB，mMTC，uRLLC

5G 的三大场景显然对通信提出了更高的要求，不仅要解决传输速率问题，把更高的速率提供给用户，而且对功耗、时延等提出了更高的要求，一些方面已经完全超出了我们对传统通信的理解，把更多的应用能力整合到 5G 中。这就对 5G 通信技术提出了更高的要求。在这三大场景下，5G 具有 6 个基本特点。

（1）高速度

相对于 4G，5G 要解决的第一个问题就是高速度。网络速度提升，用户体验与感受才会有较大提高，网络才能面对 VR 超高清业务时不受限制，对网络速度要求很高的业务才能被广泛推广和使用。

（2）泛在网

随着业务的发展，网络业务需要广泛存在。只有这样才能支持更加丰富的业务，才能在复杂的场景上使用。泛在网有两个层面的含义：一是广泛覆盖，二是纵深覆盖。

广泛是指我们社会生活的各个地方需要广覆盖，以前高山峡谷就不一定需要网络覆盖，因为生活的人很少，但是如果能覆盖 5G，可以大量部署传感器，进行环境、空气质量甚至地貌变化、地震的监测，这就非常有价值。5G 可以为更多这类应用提供网络。

纵深是指我们生活中，虽然已经有网络部署，但是需要进入更高品质的深度覆盖。我们今天家中已经有了 4G 网络，但是家中的卫生间可能网络质量不是太好，地下停车库基本没信号，现在是可以勉强忍受的状态。5G 的到来，可以把以前网络质量不好的卫生间、地下停车库等都用很好的 5G 网络广泛覆盖。

一定程度上，泛在网比高速度还重要，高速度只是建一个少数地方覆盖、速度很快的网络，并不能保证 5G 的服务与体验，而泛在网才是 5G 体验的一个根本保证。在 3GPP 的三大场景中没有讲泛在网，但是泛在的要求是隐含在所有场景中的。

（3）低功耗

5G 要支持大规模的物联网应用，就必须要有低功耗的要求。这些年，可穿戴产品有一定发展，但是遇到很多瓶颈，最大的瓶颈是体验较差。以智能手表为例，每天充电，甚至不到一天就需要充电。所有物联网产品都需要通信与能源，虽然今天通信可以通过多种手段实现，但是能源的供应只能靠电池。通信过程若消耗大量的能源，就很难让物联网产品被用户广泛接受。

如果能把功耗降下来，让大部分物联网产品一周充一次电，或者一个月充一次电，就能大大改善用户体验，促进物联网产品的快速普及。eMTC 基于 LTE 协议演进而来，为了更加适合物与物之间的通信，也为了更低的成本，对 LTE 协议进行了裁剪和优化。eMTC 基于蜂窝网络进行部署，其用户设备通过支持 1.5MHz 的射频和基带带宽，可以直接接入现有的 LTE 网络。eMTC 支持上下行最大 1Mbps 的峰值速率。而 NB-IoT 构建于蜂窝网络，只消耗大约 180kHz 的带宽，可直接部署于 GSM 网络、UMTS 网络或 LTE 网络，以降低部署成本、实现平滑升级。

（4）低时延

5G 的一个新场景是无人驾驶、工业自动化的高可靠连接。人与人之间进行信息交流，140ms 的时延是可以接受的，但是如果这个时延用于无人驾驶、工业自动化就无法接受。5G 对于时延的最低要求是 1ms，甚至更低。这就对网络提出严酷的要求。而 5G 是这些新领域应用的必然要求。

（5）频谱共享

使用共享频谱和非授权频谱，可将 5G 扩展到多个维度，实现更大容量、使用更多频谱、支持新的部署场景。这不仅让拥有授权频谱的移动运营商受益，而且会为没有授权频谱的厂商创造机会，如有线运营商、企业和物联网垂直行业，使他们能够充分利用 5G NR 技术。5G NR 技术原生地支持所有频谱类型，并通过前向兼容灵活地利用全新的频谱共享模式。

（6）先进的信道编码设计

目前 LTE 网络的编码还不足以应对未来的数据传输需求，因此迫切需要一种更高效的信道编码设计，以提高数据传输速率，并利用更大的编码信息块契合移动宽带流量配置，同时，还要继续提高现有信道编码技术（如 LTE Turbo）的性能极限。LDPC 的传输效率远超 LTE Turbo，且易平行化的解码设计，能以低复杂度和低时延，达到更高的传输速率。

除上述特点外，5G 还提供设备到设备（D2D）之间的近距离数据直接传输技术。设备到设备通信（D2D）会话的数据直接在终端之间进行传输，不需要通过基站转发，而相关的控制信令，如会话的建立、维持、无线资源分配以及计费、鉴权、识别、移动性管理等仍由蜂窝网络负责。蜂窝网络引入 D2D 通信，可以减轻基站负担，降低端到端的传输时延，提升频谱效率，降低终端发射功率。当无线通信基础设施损坏，或者在无线网络的覆盖盲区，终端可借助 D2D 实现端到端通信甚至接入蜂窝网络。

5G 是一个复杂的体系，在 5G 基础上建立的网络，不仅要提升网络速度，同时还提出了更多的要求。未来 5G 网络中的终端也不仅是手机，而是有汽车、无人驾驶飞机、家电、公共服务设备等多种设备。4G 改变生活，5G 改变社会。5G 将会是社会进步、产业推动、经济发展的重要推进器。

5G 来了，WiFi 还有用吗？这个问题就如同在 3G 时代说"4G 来了，WiFi 还有用吗"一样。Cees Links 介绍，虽然 5G 的速度非常快，但是我们使用 WiFi 网络的时间占了整个上网时间的 70%，所以无论从上网时间还是流量规模来看，WiFi 会是 5G 的 2 倍。即使 5G 全面商用，WiFi 依然作用巨大，不会被 5G 代替，而且为了与 5G 的速度匹配，WiFi 技术也必须要升级，所以 WiFi6 与 5G 可谓相辅相成。

WiFi6，是 WiFi 联盟给 IEEE Std. P802.11ax 起的别名。以前我们的 WiFi 都是叫作 802.11a/b/n/g/ac/ax 之类的名字。这种命名方式实在容易让人混乱，无法轻易看出先后顺序。所以，如图 1-42 所示，从 802.11ax 开始，以数字的方式进行命名。

图 1-42　WiFi 技术的演进及命名

WiFi6 所支持的高级特性可为用户的无线网络带来新的体验，即使在具有多种设备的复杂 WiFi 环境下也能表现突出。其主要优势包括更高的数据速率、更高的网络容量，在拥挤的环境中提高性能以及提高电源效率等。具体特性汇总如下：

1）正交频分多址（OFDMA）：提高网络效率并降低高需求环境的延迟。

2）完整的多用户多输入多输出（MU-MIMO）：802.11ax 在 11ac 原有下行 MU-MIMO 基础上，加入了上行 MU-MIMO 特性，实现了完整意义上的多终端并行传输，即允许一次传输更多数据，并使接入点能够一次传输到更多并发客户端。

3）发送波束成形：在给定范围内实现更高的数据速率，从而提高网络容量。

4）高阶调制编码方案（1024-QAM）：通过在相同数量的频谱中编码更多数据来提高 WiFi 设备的吞吐量。

5）目标唤醒时间（TWT）：显著改善 WiFi 设备（如物联网设备）的电池寿命。

2G、3G 乃至目前的 4G 时代，以无线蜂窝网络技术支撑的无线通信实现了室外、室内空间的全覆盖。由于 5G 信号的物理特性，5G 信号在室内应用时，其穿墙能力弱的事实不会改变。为推进 5G 网络对建筑物内应用的全覆盖，目前，室内采用 WiFi6 技术填补 5G 网络的短板是一种可行的解决方案。也可以预期在可见的未来，5G 网络和 WiFi6 技术将会相互补充、同时存在。

思　考　题

1. 什么是建筑？
2. 什么是智能建筑？什么是智能家居？
3. 如何理解智慧城市是一种新的城市管理和服务的生态系统？
4. 比较物联网体系结构模型与面向工程设计的物联网层次模型的异同。
5. 建筑物联网的接入层设计包括的内容有哪些？
6. 试说明视频监控物联网系统架构及功能。
7. 防盗报警分为哪几个层次？每一层次的功能是什么？
8. 一卡通管理系统中应用了哪些物联网技术？
9. 简述消防物联网系统的特点。
10. 试说明消防物联网系统的组成及功能。
11. 简述办公建筑能效监管物联网系统的组成及功能。
12. 什么是物联网？其基本内涵是什么？
13. 无线传感网络和物联网的区别与联系是什么？
14. 简析定位技术对物联网应用的作用。
15. LoRa 技术的主要特点是什么？其给物联网应用带来哪些性能上的提升？
16. 简述 NB-IoT 的基本内涵，并分析其和 LoRa 的异同。
17. 简述 5G 的关键技术、特点及其在物联网应用的发展前景。

第 2 章　感知系统设计与实现

物联网层次模型从体系结构上将物联网自底向上划分为感知层、网络层、应用层等三个层次。感知层位于物联网架构的最底层，是将物之相关信息汇入网络形成物联网的起点。随着物联网技术的成熟与普及，物联网渗透到了各行各业，推动着对传统产业的技术升级和改造。

借助物联网技术提升智能建筑建设也是发展的必然趋势。对智能建筑而言，"及时的感知、有效的汇聚、特色的应用"是物联网技术与建筑智能中智能化应用需求契合的关键。

建筑物内，建筑环境中温度、湿度数据是衡量建筑舒适度指标的基本参数，及时地感知建筑环境内的温度、湿度等参数是实现建筑环境控制的基本前提。基于实时感知到的建筑环境温度、湿度参数对建筑环境进行多手段的主动调节，既可以促进建筑舒适度水平的提升，还可以有利于建筑节能目标的达成。基于物联网技术，实现建筑环境中温度、湿度参数的实时采集与处理，这对智能建筑智能化水平的提升有着积极的促进作用。

本章将对使用物联网技术及时感知建筑物内温度和湿度的过程进行设计与实现。为了实现对建筑物内温度和湿度的感知，本章设计了一款基于 Arduino 开发板的温湿度感知系统，该系统采用 Arduino R3 单片机、DHT11 温湿度传感器，实现将传感器数据上传到上位 PC 机。在上位 PC 机中，可以使用串口调试助手观察采集到的温度、湿度信息。

2.1　Arduino 平台

2.1.1　Arduino 简介

Arduino 是一款便捷灵活、方便上手的单片机开发平台。Arduino 开发平台由开源硬件平台（以下也称作 Arduino 板、Arduino 开发板）、C/C++ 的开发语言、IDE 开发环境三部分构成。Arduino 不但简化了使用单片机工作的流程，同时还为用户提供了一些其他单片机开发平台不具备的优势。

（1）跨平台

Arduino IDE 可以在 Windows、Macintosh OS X、Linux 三大主流操作系统上运行，而其他的大多数控制器只能在 Windows 上开发。

（2）简单清晰、易掌握

Arduino IDE 使用 C++ 的简化版本，这使用户更容易学习编程，不需要太多的单片机基础，简单学习后，可以快速地进行开发。

（3）开放性

Arduino 拥有丰富的开源社区资源，Arduino 的硬件原理图、电路图、IDE 软件及核心库文件都是开源的，在开源协议范围内可以任意修改原始设计及相应代码。

（4）发展迅速

Arduino 不仅是全球最流行的开源硬件，也是一个优秀的硬件开发平台，更是硬件开发的趋势。社区资源的壮大也为其发展提供了充足的动力。

Arduino 能通过各种各样的传感器来感知环境，通过控制灯光、电机和其他装置来反馈、影响环境。Arduino 硬件平台上的微控制器可以通过 Arduino 的编程语言来编写程序，编译成二进制文件，"烧录"进微控制器。对 Arduino 的编程是通过 Arduino 编程语言和 Arduino 开发环境来实现的。基于 Arduino 的项目，可以只包含 Arduino 硬件平台，也可以包含 Arduino 硬件平台和其他一些在 PC 移动终端上运行的软件，它们之间需要通过通信来实现交互。

根据使用不同的微控制器，Arduino 硬件平台的实现方案纷繁复杂。所有 Arduino 开发板都有一个共同点：都通过 Arduino IDE 编程。差异在于输入和输出的数量（可以在单个板上使用的传感器，LED 和按钮的数量）、速度、工作电压、外形尺寸等。表 2-1 给出了目前市场上可以采购到的部分 Arduino 开发板的简单对比。

Arduino 开发板种类介绍 表 2-1

	Duemilanove	UNO	nano	mini	2560	ADK	Leonardo
MCU	ATmega 168/328	ATmega328	ATmega 168/328	ATmega 168/328	ATmega2560	ATmega2560	ATmega32u4
工作电压	5V	5V	5V	5V	5V	5V	5V
输入电压	7～12V	7～12V	7～12V	7～9V	7～12V	7～12V	7～12V
数字 IO	14	14	14	14	54	54	20
模拟输入 IO	直插板 6 个，贴片板 8 个	直插板 6 个，贴片板 8 个	8	8	16	16	7
PWM	6	6	6	6	15	15	12
时钟频率	16M	16M	16M	16M	16M	16M	16M
Flash	16K/32K（其中 bootloader 占用 2K）	32K（其中 bootloader 占用 2K）	32K（其中 bootloader 占用 2K）	32K（其中 bootloader 占用 2K）	256K（其中 bootloader 占用 8K）	256K（其中 bootloader 占用 8K）	32K（其中 bootloader 占用 4K）
SRAM	1K/2K	2K	1K/2K	1K/2K	8K	8K	2.5K
EEPROM	0.5K/1K	1K	0.5K/1K	0.5K/1K	4K	4K	1K
USB 芯片	FT232RL	ATmega8u2/16u2	FT232RL	无	ATmega8u2/16u2	ATmega8u2/16u2，MAX 3421EIC	ATmega 32u4
特点	目前使用人数最多且最为稳定的版本	目前最新的版本	功能与 Duemila nove 完全一致，但更为小巧	最小的 Arduino 控制器，但下载程序得搭配外部的下载器	最高配的 8 位 Arduino 控制器	需 USB HOST 芯片的 Arduino 2560，可以通过 USB 与 Arduino 设备交互	目前最新的 Arduino 控制器，使用集成 USB 的 AVR 控制器 32u4

2.1.2 Arduino UNO 开发板

Arduino UNO 是 Arduino USB 接口系列的最新版本，是 Arduino 开源硬件平台的参考标准模板。Arduino UNO 开发板的处理器核心是 ATmega328，同时该开发板具有：14 路数字输入/输出口（其中 6 路可作为 PWM 输出）、6 路模拟输入、一个 16MHz 晶体振荡器、一个 USB 接口、一个电源插座、一个 ICSP header 和一个复位按钮。图 2-1 对 Arduino UNO 的硬件结构进行了解析。

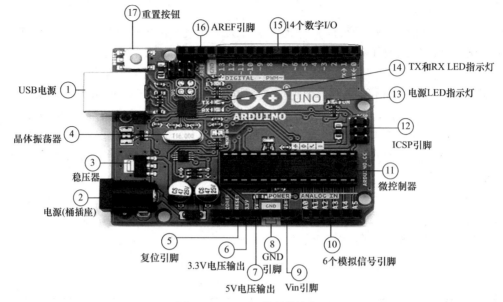

图 2-1 Arduino 的硬件结构图

（1）USB 电源①：Arduino UNO 通过使用计算机上的 USB 通电，需要做的是将 USB 线连接到 USB 接口。

（2）电源（桶插座）②：Arduino UNO 可以通过将其连接电源插口直接从交流电源供电。

（3）稳压器③：稳压器的功能是控制提供给 Arduino UNO 的电压，并稳定处理器和其他文件使用的直流电压。

（4）晶体振荡器④：Arduino UNO 开发板使用晶体振荡器（晶振）产生时钟信号，频率为 16MHz。

（5）复位引脚⑤：用于 Arduino UNO 开发板的复位。Arduino UNO 开发板有两种重置方式，一种是通过使用板上的复位按钮⑰，另外一种是将外部复位按钮连接到标有 RESET（5）的引脚。

（6）3.3V 电压输出⑥：提供 3.3V 输出电压。

（7）5V 电压输出⑦：提供 5V 输出电压。

（8）GND（接地）⑧：Arduino UNO 上有几若干个标记了 GND 符号的引脚，其中任何一个都可用于接地。

（9）Vin⑨：此引脚也可用于从外部电源（如交流电源）为 Arduino UNO 板供电。

（10）模拟引脚⑩：Arduino UNO 板有六个模拟引脚，从 A0 到 A5。这些引脚可以从模拟量传感器读取信号，并将其转换为可由微处理器读取的数字值。

（11）微控制器⑪：每片 Arduino UNO 开发板都有自己的微控制器，Arduino UNO 上的微控制器一般是 ATMEL 公司出产。在从 Arduino IDE 上传新程序到 Arduino UNO 开发板上之前，必须知道开发板上的主微控制器的规格与型号。Arduino UNO 开发板上，此信息位于微控制器顶部。有关 Arduino UNO 主微控制器更多详细信息，可以在获得相关信息后查找并参阅其数据表。

（12）ICSP（In-Circuit Serial Programming）引脚⑫：六个引脚直接和 MCU 相连的，

对应 VCC，MISO，MOSI，SCK，GND 和 RESET，是烧写器利用串行接口给单片机烧写程序用的，因为 Arduino 上面配了 USB 控制器，所以一般是通过 USB 口利用串口通信写程序，现在 ICSP 就很少用到。

（13）电源 LED 指示灯⑬：当将 Arduino 开发板插入电源时，该指示灯应亮起，表明电路板已经正确通电，如果这个指示灯不亮，那么连接就存在问题。

（14）TX 和 RX LED⑭：两个指示 LED，分别在串口 TX（发送）和 RX（接受）动作时闪烁：通过串行口发送数据时，TX LED 以不同的速度闪烁，闪烁速度取决于板所使用的波特率；RX 在通过串行口接收数据过程中闪烁。

（15）数字 I/O⑮：Arduino UNO 板有 14 个数字 I/O 引脚［其中 6 个提供 PWM（脉宽调制）输出］，这些引脚可配置为数字输入引脚，用于读取逻辑值（0 或 1）；或作为数字输出引脚来驱动不同的模块，如 LED、继电器等。标有"～"的引脚用于产生 PWM（Pulse width modulation，PWM）输出信号。

（16）AREF⑯：AREF 引脚用于将要用的 AD 转换参考电压（0 至 5 伏之间）接入。

（17）RESET（重置按钮）⑰：Arduino UNO 板的重置按钮。

2.1.3　Arduino IDE

目前，Arduino IDE 开发环境的最新版本为 Arduinol 1.8.10，用户可以根据需要部署 Ardino IDE 开发环境的计算机使用操作系统的版本选择适合版本的 Arduino IDE 安装文件下载。Arduino IDE 开发环境可以从 Arduino 官网的 software 栏下的 downloads 页面中的 Download the Arduino IDE 区域中下载。Arduino IDE 开发环境也可以从 Arduino 中文社区（https://www.arduino.cn/）中下载。下载地址详见附录 1。

在获得 Arduino IDE 开发环境的安装文件后（本书下载的是适用于 Windows10 专业版的 arduino-1.8.10-windows.exe），使用 Windows 的文件资源管理器找到该安装文件，鼠标右键单击该文件，在弹出菜单中选中"以管理员身份运行（A）"启动 Arduino IDE 开发环境的安装，弹出界面如图 2-2 所示。在图 2-2 所示的界面中选中"I Agree"按钮，继续 Arduino IDE 开发环境的安装，弹出界面如图 2-3 所示。在图 2-3 所示界面中选择需要安装的组件后选中"Next"按钮继续安装进程。

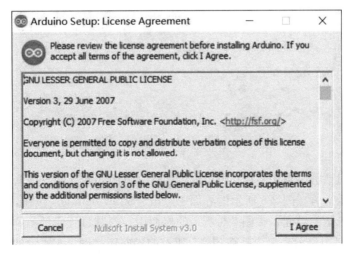

图 2-2　Arduino IDE 安装许可图

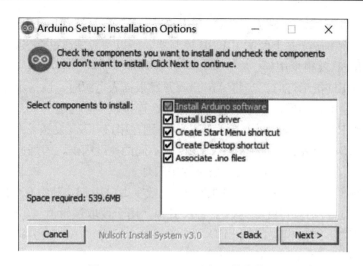

图 2-3　Arduino IDE 选择组件安装图

　　建议初学者在图 2-3 所示界面中选择所安装的组件时将全部的组件选中，选中一个组件，就是通过点击该组件将该组件前的复选框用"√"标记；对选中的组件，用鼠标再次点击该组件，即可将对应复选框中的"√"标记清除，即该组件未被选中。

　　在图 2-3 所示界面中点击"Next"按钮后，弹出对话框如图 2-4 所示。在图 2-4 的对话框中通过点击"Browse"按钮选择 Arduino IDE 开发环境的安装路径，可以直接点击"Install"按钮以默认的安装路径继续 Arduino IDE 开发环境的安装。这里，选择默认安装路径为"C:\Program Files（x86）\Arduino"。

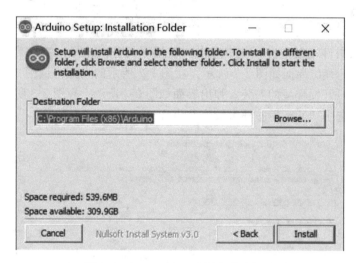

图 2-4　Arduino IDE 选择安装路径图

　　在图 2-4 的对话框中点击"Install"按钮后继续 Arduino IDE 开发环境的安装，弹出界面如图 2-5 所示。若在图 2-5 所示的界面中点击"Show details"按钮，图 2-5 所示的界面切换至图 2-6 所示的界面。在图 2-6 所示的界面中，安装过程中的操作以及操作结果的信息都在显示窗口中显示。无论是在图 2-5 所示的界面还是图 2-6 所示的界面，若 Arduino IDE 开发环境安装完毕，则"Close"按钮的状态从无效（灰色）切换为有效，此时，

点击 "Close" 按钮结束 Arduino IDE 开发环境的安装。

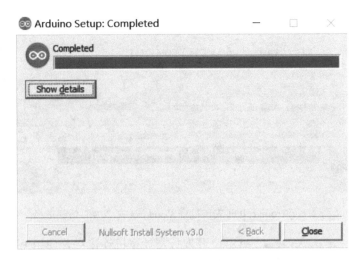

图 2-5　Arduino IDE 安装完成（1）

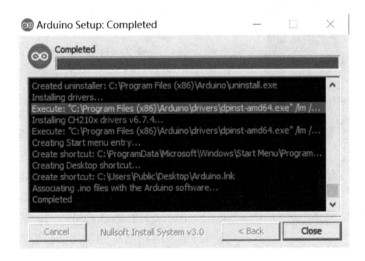

图 2-6　Arduino IDE 安装完成（2）

　　需要注意的是，在图 2-4 的对话框中点击 "Install" 按钮继续 Arduino IDE 开发环境的安装后，除了弹出如图 2-5 所示的界面外，系统可能还会弹出一个或者多个如图 2-7 所示的对话窗体。这些窗体是操作系统在安装 Arduino IDE 开发环境时发现需要新安装的设备驱动程序，Windows10 操作系统安全中心询问是不是安装需要安装的驱动程序。直接在图 2-7 所示的对话窗体中点击 "安装" 按钮继续安装即可。

2.1.4　Arduino 初体验

　　使用 USB 线缆将 Arduino UNO 开发板和计算机连接，若 Arduino UNO 开发板上的 LED 闪烁，如图 2-8 所示，则 Arduino UNO 开发板上电正常。在使用 USB 线缆将 Arduino UNO 开发板和计算机连接时，操作系统将 Arduino UNO 开发板识别为一个串口设备。若所使用的计算机是第一次通过 USB 线缆连接 Arduino UNO 开发板，操作系统需要为 Arduino UNO 开发板添加串口驱动程序。若没有正确安装串口驱动程序，则在 Arduino

图 2-7　Arduino IDE 安装过程 Windows 安全中心信任选择

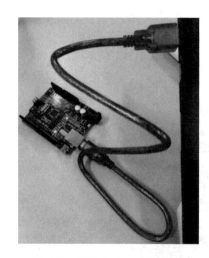

图 2-8　连接 Arduino 开发板与
计算机

UNO 开发板与计算机连接后，使用 Windows 的设备管理器管理工具查看各项端口，若没有显示 USB-SERIAL CH340（COMx）项或者该项被系统用黄色感叹号标记，这意味着 Arduino UNO 开发板的驱动程序没有被正确安装，需要为 Arduino UNO 开发板安装/修复驱动程序。这里，COMx 中的 x 是一个指示串口号的整数，具体取值与计算机的串口配置与连接的串口设备有关，不一而足。本实例中，$x=4$。

Arduino UNO 驱动程序存储在 Arduino IDE 开发环境安装位置的 drivers 文件夹下，可以在 Arduino UNO 开发板第一次连接计算机并安装驱动程序时指定该文件夹，或者在设备管理器中对黄色感叹号标记的 USB-SERIAL CH340（COMx）设备进行更改驱动程序操作，更改时指明驱动程序的位置在 Arduino IDE 开发环境安装位置的 drivers 文件夹；也可以在 Arduino UNO 开发板连接计算机后，通过第三方驱动程序管理工具（如驱动精灵、驱动人生、360 驱动大师等）自动安装/更新驱动程序，通过执行第三方驱动程序管理软件提供的类似"自动检测"功能，根据系统的提示完成驱动程序的修复与安装。更多的 Arduino UNO 开发板驱动程序的安装如图 2-9 所示，用户也可以参照 Arduino 中文社区的资源（http://www.arduino.cn/thread-1008-1-1.html）。

下面以使用 Arduino UNO 开发板点亮发光二极管的过程来示意使用 Arduino 平台进行应用开发的过程。

（1）发光二极管有两个分别标记为正（长脚）、负（短脚）的引脚，如图 2-10（a）所示；与接地引脚插槽相邻的是第 13 号数字输入/输出引脚的插槽。为使用最简单的方式连接发光二极管，将发光二极管的两个引脚分别插入 Arduino UNO 开发板的 13 号数字输入/输出引脚的插槽以及其相邻的接地引脚的插槽。发光二极管与 Arduino UNO 板的连接示意如图 2-10（b）所示。

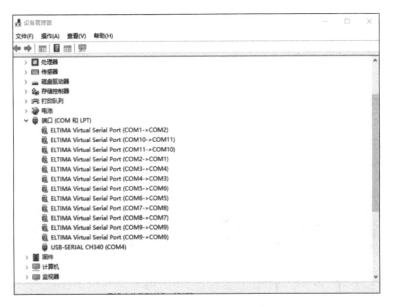

图 2-9　Arduino UNO 驱动检查

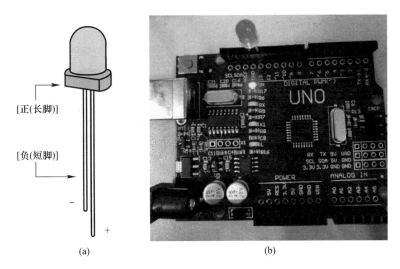

图 2-10　Arduino UNO 控制 LED 闪烁的效果

（a）发光二极管；（b）发光二极管与 Arduino UNO 板连接示意

　　（2）使用 USB 线缆连接 Arduino UNO 开发板以及开发所使用的计算机。默认开发所使用的计算机已经完成 Arduino IDE 开发环境的安装以及 Arduino 驱动程序的正确安装。

　　（3）启动 Arduino IDE 开发环境。在桌面上找到 Arduino IDE 开发环境应用程序的图标"Arduino"，鼠标右键双击该图标，启动 Arduino IDE 主程序。初始化完成后，Arduino IDE 主界面如图 2-11 所示。

　　（4）为了避免将程序上载到 Arduino UNO 开发板上时出错，需要在 Arduino IDE 开发环境中明确 Arduino UNO 开发板的类型。在图 2-11 所示的主界面，首先依次点击菜单栏中的"工具→取得开发板信息"菜单项，获得开发板信息如图 2-12 所示，记住其中的 BN 部分的信息，然后依次点击"工具→开发板"菜单项，获得如图 2-13 所示的弹出菜单，并在弹出菜单中选中与图 2-12 中给出的开发板信息与 BN 部分信息一致的菜单项。

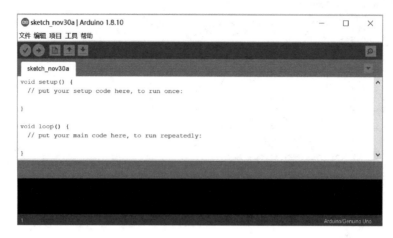

图 2-11　Arduino IDE 主界面

图 2-12　Arduino 开发板信息　　　图 2-13　Arduino 开发板设定

　　（5）依次点击菜单栏中的"文件→示例→01. Basics→Blink"菜单项，打开示例应用 Blink，如图 2-14 所示。图 2-14 所示的程序文件中，"/∗......∗/"标记的部分为程序注释，这种注释可以跨行；"//......"标记的部分也是程序注释，但这种注释不允许跨行。

图 2-14 所示的界面的底部窗口部分，将用于在对应代码进行验证，编译操作后回显验证、编译结果的信息。

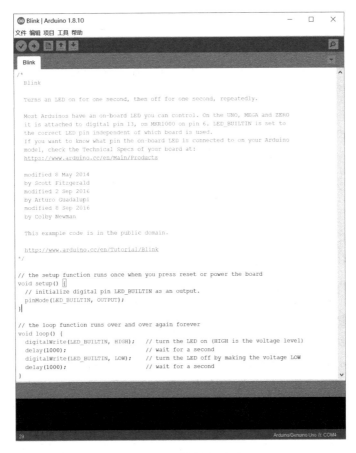

图 2-14　示例应用 Blink

（6）依次点击菜单栏中的"文件→另存为"菜单项，将所打开的示例应用另存为名称为 myBlink 的应用。

（7）修改应用 myBlink 的源程序见表 2-2（圆圈标记的数字部分不是源程序的内容，只是为了说明方便而标记的行数）。

myBlink 的源程序　　　　　　　　　　　　　　　　　　　　表 2-2

①	int ledPin;// global var for I/O port
②	// the setup function runs once when you press reset or power the board
③	void setup() {
④	ledPin = 13;
⑤	// initialize digital ledPinas an output.
⑥	pinMode(ledPin,OUTPUT);
⑦	}
⑧	// the loop function runs over and over again forever
⑨	void loop() {
⑩	digitalWrite(ledPin,HIGH);　// turn the LED on (HIGH is the voltage level)
⑪	delay(1000);　　　　　　　　　　// wait for a second

⑫	digitalWrite(ledPin,LOW);	// turn the LED off by making the voltage LOW
⑬	delay(2000);	// wait for two seconds
⑭	}	

(8) 表 2-2 给出的 myBlink 源程序可以分为全局变量 ledPin 定义、setup 函数定义、loop 函数定义三部分。其中：全局变量 ledPin 定义在源程序的第①行给出；setup 函数在源程序的第②～⑦行给出；loop 函数在源程序的第⑧～⑭行给出。

(9) 在表 2-2 所给的源程序中，第①行定义的全局变量 ledPin 是一个 int 型变量，取值为发光二极管使用的数字输入/输出引脚号。

(10) setup () 函数在 Arduino 开发板通电或者复位后被执行，而且只会被执行一次。通常会在 setup () 函数中完成 Arduino 的初始化设置，如初始化变量、初始化串口、引脚工作模式、启用库等操作。在表 2-2 所给的源程序中，setup () 函数在源程序的第②～⑦行给出，其中在第④行，依据应用中发光二极管连接的数字输入/输出引脚插槽的编号，全局变量 ledPin 被赋值为 13；而在第⑥行，编号为 ledPin 的引脚被设定为输出模式。这样，当该引脚的输出电平为 High 时，可以认为产生输出信号 1，而当该引脚的输出电平为 Low 时，可以认为产生输出信号 0。

(11) loop () 函数是 Arduino 开发板初始化完成后一直执行的函数，loop () 函数内部的代码会被重复执行。事实上，一个 Arduino 程序结构上主要由 setup () 和 loop () 这两个基本函数构成：点击 Arduino IDE 主界面"文件"菜单里的"新建"菜单项，即可建立一个 Arduino 应用程序框架，Arduino IDE 将为应用程序自动创建 setup () 和 loop () 这两个函数。在表 2-2 所给的源程序中，loop () 函数在源程序的第⑧～⑭行给出，其中：在第⑩行将高电平信号输出到编号为 ledPin 的引脚，点亮了其所连接 LED；在第⑪行进行了 1000ms (1s) 的延时，这样，在延时期间，编号为 ledPin 的引脚持续输出高电平，所连接的 LED 也将持续发光 1s；在第⑫行将低电平信号输出到编号为 ledPin 的引脚，其所连接 LED 也因此被熄灭；在第⑬行进行了 2000ms (2s) 的延时，这样，在延时期间，编号为 ledPin 的引脚持续输出低电平，所连接的 LED 也将持续熄灭 2s。从整体来看，在该应用编译通过并上载到 Arduion UNO 开发板后，Arduion UNO 开发板上连接到 13 号数字输入/输出引脚的 LED 将持续点亮 1s、熄灭 2s 的动作。

(12) 编辑、保存完毕 myBlink 的源程序后，在图 2-14 所示的 Arduino IDE 主界面中，依次点击菜单栏中的"项目→验证/编译"，对 myBlink 应用的源代码进行正确性检查，并在正确性检查通过后生成 Arduino UNO 开发板可以执行的代码。验证/编译的结果信息在 Arduino IDE 主界面的底部窗口显示，具体如图 2-15 所示。

(13) 在 myBlink 应用的源代码验证/编译完成后，在图 2-14 所示的 Arduino IDE 主界面中，依次点击菜单栏中的"项目→上传"菜单项执行编译，通过后代码上传到 Arduino UNO 开发板的操作。上传操作完成后，上传结果的提示信息如图 2-16 所示。此时，可以观察 Arduino UNO 开发板上连接到数字输入/输出 13 号引脚的发光二极管的点亮与熄灭时间，看看该发光二极管的亮灭时间是否和预期的一致。

(14) 还可以通过修改表 2-2 示意源代码的第⑪、⑬行的延时毫秒数并重新编译、上传，观察 Arduino UNO 开发板上连接到数字输入/输出 13 号引脚的发光二极管的点亮与熄灭时间的变化来对应用 myBlink 进一步理解。

图 2-15　myBlink 应用的源代码验证/编译结果的提示信息

图 2-16　myBlink 应用程序上传的提示信息

2.2　基于 Arduino 的建筑温湿度感知程序

2.2.1　系统简介与需求分析

基于 Arduino 的建筑物内温湿度感知系统由两部分组成，一部分是温度数据采集与发送硬件平台，另一部分是基于所实现硬件平台的数据采集与发送程序。因此，基于 Arduino 的建筑物内温湿度感知系统设计的任务也由硬件设计和软件设计两个子任务组成。对硬件设计子任务，需要对硬件的选型、硬件原理阐述的基础上给出硬件平台的设计方案并实现；而对软件设计子任务，需要基于所设计的硬件平台，设计并实现建筑物内建筑环境中温度、湿度数据的采集与发送程序。

系统基于 Arduino UNO 开发板开发，温度与湿度的感知使用 DHT11 温湿度传感器，编程语言使用 Arduino 自带的 Arduino 语言。事实上，通常我们说的 Arduino 语言是指 Arduino 核心库文件提供的各种应用程序编程接口（Application Programming Interface，简称 API）的集合。这些 API 是对更底层的单片机支持库进行二次封装所形成的。例如，使用 AVR 单片机的 Arduino 的核心库是对 AVR-Libc（基于 GCC 的 AVR 支持库）的二次封装。本质上，Arduino 使用 C/C++编写程序，虽然 C++兼容 C 语言，但这是两种语言，C 语言是一种面向过程的编程语言，C++是一种面向对象的编程语言。早期的 Arduino 核心库使用 C 语言编写，后来引进了面向对象的思想，目前最新的 Arduino 核心库采用 C 与 C++混合编写而成。

Arduino 开发板成本低，操作简单，编程语言基于 C/C++语言。基于 Arduino 的建筑温湿度感知程序的设计与实现过程能够有效帮助对物联网的感知过程的理解。

对基于 Arduino 的建筑物内的温湿度感知系统的需求，可以从对系统实现的硬件平台的需求以及对系统功能的需求描述。

（1）要求基于 Arduino UNO R3 开发板进行建筑环境中温度与湿度数据的采集；

（2）要求使用 DHT11 温湿度传感器实现建筑环境中温度与湿度数据的感知；

（3）要求系统设置一个初始值为 0 的计数器，每采集一组温度、湿度数据，该计数器的值增 1；

（4）要求系统上传的数据既包括采集到的温度数据和湿度数据，也要包括采集这些数据时计数器的取值；

（5）要求系统通过串口向上位 PC 机发送采集到的全部数据，上位 PC 机可以使用串口调试助手观察到。

关于需求（1），由于该系统的设计是为了便于物联网工程专业、建筑电气与智能化专业以及其他相关专业的本科层次的学生熟悉物联网感知过程，对硬件平台设计，要求不要陷入过多的 IC 电路设计细节的同时使得该平台的成本应尽可能低廉。考虑到 Arduino 开发板是一款便捷灵活、方便上手的开源电子原型平台，其硬件（本系统采用 Arduino UNO R3 开发板）和软件（Arduino IDE）的集成度不仅高，更容易编程，而且不需要太多的单片机基础，学生简单学习后，可以快速地进行开发，所以选用 Arduino UNO R3 作为本系统设计与实现的基础硬件平台。

关于需求（2），拟采用 DHT11 温湿度传感器。拟采用的 DHT11 温湿度传感器是一款含有已校准数字信号输出的温湿度复合传感器，并且采用单总线接口方式，占用单片机的引脚资源少，和单片机的通信协议比较更简单、成本较低。特别是在 Arduino 的社区资源中，有大量的使用 DHT11 温湿度传感器的 Arduino 应用案例可以参考，因此本系统设计与实现时选用 DHT11 温湿度传感器作为温湿度感知的传感器。

关于需求（3），虽然可以使用 Arduino UNO R3 开发板的定时器终端精确计量，但是为了使学习的内容更集中，因此在程序内采用计数器的方案来实现采集数据的顺序记录。程序内，计数器定义为 int 型变量初始值设置为 0。由于 Arduino 语言中 int 型变量的长度为 2 个字节，因此当该计数器的值达到 65535 后再进行增 1 操作，计数器的值将被赋值为 0。可以将计数器的类型由 int 型修改为 long 型或者 unsigned long 型，这样计数器的取值空间可以更大。但在本书需要的设计中，计数器变量的类型为 int 型就足够了。

关于需求（4），系统感知到的有效数据除了温度数据和湿度数据外，什么时候采集温度、湿度数据也是一个重要的与物有关的时空数据，而什么时间采集的，在该系统中使用计数器来记录，因此需要上传的数据为温度数据、湿度数据和计数器数据。

关于需求（5），由于本章实现的硬件平台仅仅是对建筑环境内温度、湿度信息感知过程的设计与实现，并没有考虑硬件平台的网络接入能力，因此本章实现的硬件平台没有网络接入能力，而未来该硬件平台需要经扩充后具备基于 TCP/IP 协议的网络接入能力。对目前设计与实现的硬件平台，由于 Arduino 开发板被上位机当作一个串口设备对待，因此本章实现的硬件平台只需要通过串口完成采集到的数据上传到上位机即可。当硬件平台通过串口把采集到的数据上传到上位机时，上位机可以使用串口调试助手（ComAssistant.exe）接收并查看 Arduino 开发板发送的数据。当使用串口调试助手接收并查看 Arduino 开发板发送的数据时，需要将串口调试助手监听的串口端口号设置为 Arduino 开发板对应的串口端口号，并把波特率设置与 Arduino 开发板对应串口的波特率一致。设置完成后，在串口调试助手中执行打开串口的操作，串口调试助手就能够接收 Arduino 开发板发送过来的数据，并在串口调试助手的接收区展示接收到的数据。

2.2.2　硬件平台设计

基于 Arduino 的建筑温湿度感知程序使用 DHT11 温湿度传感器采集建筑环境内的温度与湿度信息。DHT11 温湿度传感器是一款含有已校准数字信号输出的温湿度复合传感器，它应用专用的数字模块采集技术和温湿度传感技术，确保产品具有极高的可靠性和卓越的长期稳定性。传感器包括一个电阻式感湿元件和一个 NTC 测温元件，并与一个高性能 8 位单片机相连接。DHT11 温湿度传感器具有品质卓越、超快响应、抗干扰能力强、性价比极高等优点。每个 DHT11 温湿度传感器都在极为精确的湿度校验室中进行校准。校准系数以程序的形式存在 OTP 内存中，传感器内部在检测信号的处理过程中要调用这些校准系数。由于 DHT11 温湿度传感器采用单线制串行接口，这使得系统集成 DHT11 温湿度传感器的过程变得简易快捷。超小的体积、极低的功耗，使其成为在苛刻应用场合的最佳选择。产品为 4 针单排引脚封装，连接方便。DHT11 温湿度传感器的实物如图 2-17 所示。

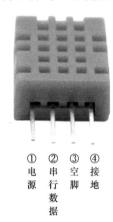

① 电源　② 串行数据　③ 空脚　④ 接地

图 2-17　DHT11 温湿度传感器实物图

如图 2-17 所示，DHT11 温湿度传感器有四个引脚，分别用①、②、③、④标记。各引脚的连接描述由表 2-3 中给出。表 2-3 中，引脚①是 VDD 引脚，用于与电源连接向 DHT11 温湿度传感器供电，供电电压为（3～5.5）V。DHT11 温湿度传感器上电后，要等待 1s 以越过不稳定状态，在此期间无需发送任何指令。电源引脚（VDD，GND）之间可增加一个 100nF 的电容，用以去耦滤波。引脚④是 DATA 引脚，用于微处理器与 DHT11 温湿度传感器之间的通信和同步，采用单总线数据格式，一次通信时间 4ms 左右。

DHT11 温湿度传感器引脚连接说明　　　　　　　　　　表 2-3

引脚	颜色	名称	描述
①	红色	VDD	电源［（3.3～5.5）V］
②	黄色	DATA	串行数据，双向口
③	透明	NC	空脚
④	黑色	GND	接地

DHT11 温湿度传感器对温度、湿度的测量分辨率均是 8bit。当使用 DTH11 温湿度传感器采集建筑物内环境的温度、湿度数据时，若连接线长度短于 20m，建议使用 5K 上拉电阻，而当连接线长度大于 20m 时，需要根据实际情况使用合适的上拉电阻。

基于 Arduino 的建筑温湿度感知程序设计与实现，侧重于帮助学生理解基础概念和基本原理，全部组成系统的元器件都通过插针方式连接，这种连接方式免除了焊接操作，可以节省电路的组装时间，而且元件可以重复使用，所以非常适合电子电路的组装、调试和训练。而为了实现这种连接方式的诉求，系统硬件平台的搭建使用了面包板和杜邦线。

面包板是无焊面包板的简称，是专为电子电路的无焊接实验设计制造的。由于面包板上有很多专为电子电路的无焊接实验设计制造小插孔，在面包板上各种电子元器件可根据需要随意插入或拔出，免去了焊接，节省了电路的组装时间，而且元件可以重复使用，所以非常适合电子电路的组装、调试和训练。面包板的实物照片与细节上的描述在图 2-18 中给出。

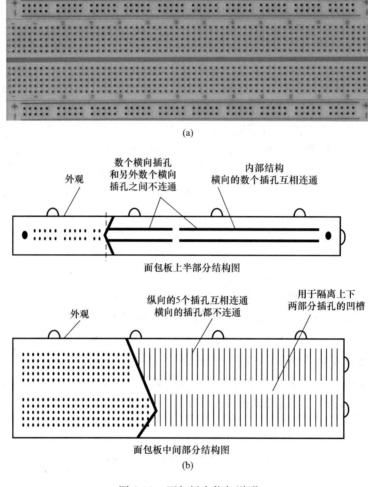

图 2-18　面包板实物与说明

(a) 实物图；(b) 说明

　　面包板的得名可以追溯到真空管电路的年代，当时的电路元器件大多体积较大，人们通常通过螺钉和钉子将它们固定在一块切面包用的木板上进行连接，后来电路元器件体积越来越小，但面包板的名称沿用了下来。面包整板使用热固性酚醛树脂制造，板底有金属条，在板上对应位置打孔，使得元件插入孔中时能够与金属条接触，从而达到导电的目的。一般将每 5 个孔板用一条金属条连接。板子中央一般有一条凹槽，这是针对需要集成电路、芯片试验而设计的。板子两侧有两排竖着的插孔，也是 5 个一组。这两组插孔是用于给板子上的元件提供电源。使用面包板时，不用焊接和手动接线，将元件插入孔中就可测试电路及元件，使用方便。使用前应确定哪些元件的引脚应连接在一起，再将要连接在一起的引脚插入同一组的 5 个小孔中（插元件的过程中要断开电源）。遇到多于 5 个元件或一组插孔插不下时，就需要用面包板连接线把多组插孔连接起来。

　　无焊面包板的优点是体积小，易携带，但缺点是比较简陋，电源连接不方便，而且面积小，不宜进行大规模电路实验。若要用其进行大规模的电路实验，则要用螺钉将多个面包板固定在大木板上，再用导线相连接。

系统硬件平台使用杜邦线连接 Arduino UNO 开发板和面包板，也就是使用合适规格的杜邦线扩展 Arduino UNO 开发板的引脚。使用杜邦线扩展实验板的引脚，可以非常牢靠地和插针连接，无需焊接。图 2-19 给出了使用 DHT11 温湿度传感器以及 Arduino UNO R3 开发板在面包板上搭建建筑温度、湿度信息采集硬件平台的引脚连接示意。其中：图 2-17 中 DHT11 温湿度传感器引脚① （VDD） 接 Arduino UNO 开发板的模拟端口中的 3.3V 电源端口；图 2-17 中 DHT11 温湿度传感器引脚② （DATA） 接 Arduino UNO 开发板的模拟端口中的 A0 端口；图 2-17 中 DHT11 温湿度传感器引脚③ （NC） 悬空；图 2-17 中 DHT11 温湿度传感器引脚④ （GND） 接 Arduino UNO 开发板的数字端口中的 GND 端口。

在使用 DHT11 温湿度传感器采集环境的温度、湿度数据时，若连接线长度短于 20m，建议使用 5K 上拉电阻，而当连接线长度大于 20m 时，需要根据实际情况使用合适的上拉电阻。而图 2-19 给出的 Arduino 与 DHT11 温湿度传感器连接示意中并没有关于上拉电阻的电路，在图 2-19 所示的 Arduino 开发板与 DHT11 温湿度传感器连接示意中如何添加合适的上拉电阻，留待读者自行考虑。

2.2.3　数据采集程序概要设计

基于 Arduino 的建筑物内温湿度感知系统的温湿度数据采集与发送硬件平台基于 Arduino UNO R3 开发板设计并实现。由于 Arduino UNO R3 开发板使用的微处理器为 ATmega328 的单片机，为将 DHT11 温湿度传感器的温度、湿度的数据采集并把采集到的数据通过串行口发送给上位机，需要使用支持 ATmega328 单片机开发的语言，编制适用于 Arduino UNO R3 开发板的温湿度数据采集程序。

基于 Arduino UNO R3 开发板实现，而 Arduino UNO R3 开发板使用的微处理器为 ATmega 328 的单片机。为将 DHT11 温湿度传感器的温度、湿度的数据采集并把采集到的数据通过串口发送到上位机，需要基于 Arduino UNO R3 开发板设计并实现数据采集程序。

温湿度数据采集程序以实现系统的功能需求为根本目标，利用 Arduino 语言和 Arduino IDE 开发环境，采取模块化思想进行设计。对温湿度数据采集程序，首先要对数据采集与发送过程中使用的变量、串口、引脚模式等进行初始化，初始化工作完成后，温湿度数据采集程序将重复执行数据采集、数据处理、数据上传的操作，以实现系统要求的功能。据此，程序的总体框架在图 2-20 给出。

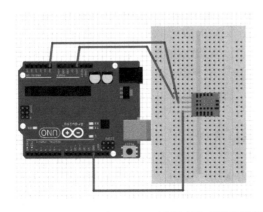

图 2-19　Arduino R3 与 DHT11 温湿度传感器连接示意

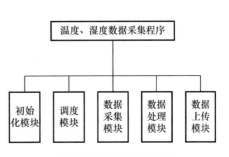

图 2-20　程序总体框架

在图 2-20 给出的程序总体框架中，温湿度数据采集程序可划分为初始化模块（setup）、数据采集模块（dataCollect）、数据处理模块（dataProcess）、数据上传模块（dataUpload）四个顺序执行的模块。同时，考虑到使用 Arduino IDE 开发程序时程序架构的特点，除了上述四个功能模块以外，还需要对调度模块（loop）进行设置。

1）初始化模块（setup）

该模块是使用 Arduino IDE 开发程序时程序架构的默认模块之一。在该模块中，需要对所使用全局变量初始值、串口传输速率、数据采集使用引脚编号、引脚工作模式、温湿度传感器初始状态进行设定。

2）数据采集模块（dataCollect）

该模块负责从 DHT11 温湿度传感器读取温湿度数据，并标记读取温湿度数据操作的结果状态，记录有没有错误发生；同时，对计数器执行增 1 操作。

3）数据处理模块（dataProcess）

该模块负责将正确采集的温度、湿度数据与计数器的当前值打包为数据上传模块需要的字符串，并标记数据上传请求标志。

4）数据上传模块（dataUpload）

该模块负责将数据处理模块打包并标记上传的数据，通过串口发送到上位机。

5）调度模块（loop）

该模块是使用 Arduino IDE 开发程序时程序架构的默认模块之一。该模块在 Arduino UNO R3 上接通电源、初始化完毕后，采集程序的初始化模块（setup）执行完成后执行。在该模块内部，数据采集模块（dataCollect）、数据处理模块（dataProcess）、数据上传模块（dataUpload）；这三个模块被依次执行一次后，还可以执行一个延时操作。

2.2.4 数据采集程序详细设计

根据温湿度数据采集程序的概要设计，数据采集程序由初始化模块（setup）、数据采集模块（dataCollect）、数据处理模块（dataProcess）、数据上传模块（dataUpload）四个顺序执行的模块以及一个调度模块（loop）组成。对概要设计规定的每一个功能模块，具体设计如下：

1）初始化模块 setup（）

温湿度数据采集程序使用全局变量实现不同模块的数据交换与通信。所使用的全局变量有 dht_dpin（int 型，取值为 DHT11 温湿度传感器连接 Arduion 开发板上的引脚号，本书中，该引脚为 A0）、count（int 型，数据采集次数计数器，初始值为 0）、dht_dat（byte 型数组，大小为 5，用于暂存从 DHT11 温湿度传感器读取到的温度、湿度数据）、bGlobalErr（byte 型，用于标记从 DHT11 温湿度传感器读取到的温度、湿度数据时是否出错）、uploadFlag（byte 型，用于标记是否有新的待上传数据生成）。

所有全局变量的赋初始值的操作在 setup（）内完成。setup（）除了执行全部全局变量赋初始值的操作外，还要对串口的传输速率以及 DHT11 温湿度传感器的初始状态进行设定。串口的传输速率需要被设置为 9600 波特率，而 Arduino 的 dht_dpin（＝A0）引脚需要被设置为高电平。图 2-21 给出了初始化模块 setup（）的详细流程。图 2-21 给出的 setup（）流程中，全局变量 bGlobalErr 被初始赋值为 1，表示无数据需要处理；而 uploadFlag 被初始赋值为 1，表示无数据需要上传。

2）数据采集模块 dataCollect（）

DHT11 温湿度传感器的 DATA 引脚用于微处理器与 DHT11 温湿度传感器之间的通信和同步，采用单总线数据格式，一次通信时间 4ms 左右。DHT11 温湿度传感器一次完整的数据传输为 40bit，高位先出。40bit 数据的具体数据格式为"8bit 湿度整数数据＋8bit 湿度小数数据 ＋ 8bit 温度整数数据＋8bit 温度小数数据＋8bit 校验和数据"，传送正确时，校验和数据等于"8bit 湿度整数数据＋8bit 湿度小数数据＋8bit 温度整数数据＋8bit 温度小数数据"所得结果的末 8 位。

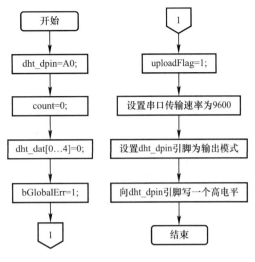

图 2-21　初始化模块流程

DHT11 温湿度传感器的默认状态是低功耗模式，而数据采集的操作需要在高速模式下进行。因此，当要采集一次数据时，用户 MCU 首先要发送一次开始信号后，让 DHT11 温湿度传感器从低功耗模式转换到高速模式；当主机开始信号结束后，DHT11 温湿度传感器触发一次信号采集，送出 40bit 的数据，并发送响应信号；用户可选择读取部分数据；采集数据后转换到低功耗模式。DHT11 温湿度传感器如果没有接收到主机发送开始信号，DHT11 温湿度传感器是不会主动进行温湿度采集操作的。

图 2-22 给出了温湿度数据采集程序的数据采集模块 dataCollect 的流程。流程中，首先将 Arduino 开发板与 DHT11 温湿度传感器引脚相连的工作模式设定为发送模式，在向 DHT11 温湿度传感器发送一次开始信号后又将该引脚的工作模式修改为接收模式，DHT11 温湿度传感器从低功耗模式转换到高速模式；等到主机开始信号结束后，DHT11 温湿度传感器触发一次信号采集操作，成功后送出 40bit 的数据，并发送响应信号；最后，dataCollect 将采集到的数据保存 dht _ dat 字节型数组中。

3）数据处理模块 dataProcess（）

约定需要上传的数据的格式为"上传次数计数，温度值，湿度值"。数据处理模块 dataProcess（）需要将正确采集的温度、湿度数据与计数器的当前值，按照约定打包为数据上传模块需要的字符串，并标记数据上传请求标志。图 2-23 给出了数据处理模块 dataProcess（）的流程。在流程中，dataProcess（）首先判断纠错标志是否等于 0，若为 0，则采集的数据正确，计数器 count 的数值加 1，并且判断计数器数值是否大于 65535，若大于 65535，将计数器数值 count 置为 0。由于需要上传的数据包是计时器的当前值、采集到的温度值、湿度值字符串形式的拼接，而 DHT11 温湿度传感器传送的数据格式是"8bit 湿度整数数据＋8bit 湿度小数数据＋8bit 温度整数数据＋8bit 湿度小数数据＋8bit 校验和"，所以对数据进行拼接处理时，取出湿度的整数部分和小数部分，并且强制转换成字符串格式，再将两个字符串加起来，中间通过小数点符号连接，温度数据的拼接方式和湿度一样。计数器的当前值也被强制转换为字符串，拼接到需要上传的数据包中。需要上传的数据包构造完成后，数据上传标志被最终赋值 0，表示有数据包需要上传，否则表示无数据包需要上传。

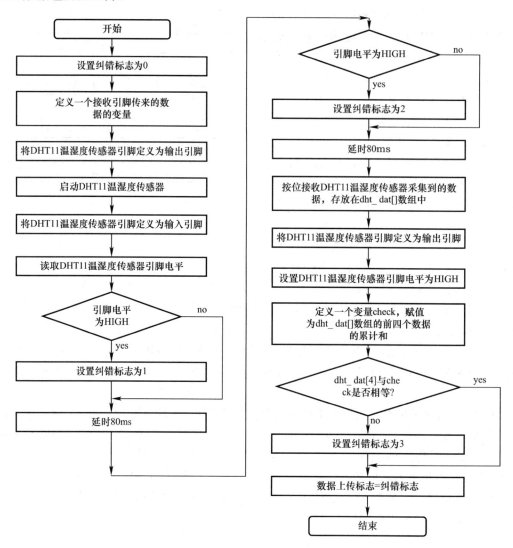

图 2-22   数据采集模块流程

4）数据上传模块 dataUpload（）

数据上传模块 dataUpload（）负责将数据处理模块打包并标记上传的数据通过串口发送到上位机，其流程在图 2-24 中给出。图 2-24 中，dataUpload（）首先利用 upload-Flag 判断有无数据需要上传：若 uploadFlag 的值等于 0（根据 uploadFlag 在数据处理模块中的赋值，uploadFlag 不等于 0，则其值为 1），则调用串口输出操作，将打包后的数据通过串口发送到上位机。

5）调度模块 loop（）

和初始化模块 setup（）一样，loop（）模块是使用 Arduino IDE 开发的 arduion 程序的默认模块之一。与 setup（）只在 Arduino 上电、初始化完毕后首先执行且仅执行这一次不同，调度模块 loop（）将被反复执行。调度模块 loop（）的详细流程在图 2-25 中给出。在如图 2-25 所示的 loop（）流程中，数据采集模块 dataCollect（）、数据处理模块

dataProcess（）、数据上传模块 dataUpload（）被依次执行后，一个延时操作 delay（n）被执行：在延时操作被执行时，延时的数值由参数 n 指定，单位为 ms。

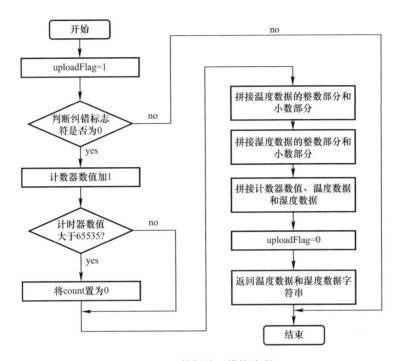

图 2-23　数据处理模块流程

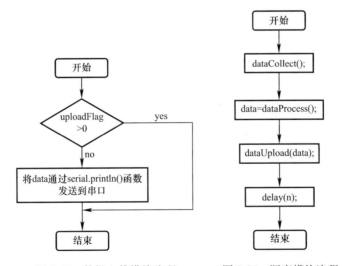

图 2-24　数据上传模块流程　　　　图 2-25　调度模块流程

2.2.5　编码与效果

1）初始化模块 setup（）

依据图 2-21 给定的初始化模块的流程，初始化模块 setup 的编码在表 2-4 中给出。为了增加代码的可读性，setup（）模块在实现时将 DHT11 温湿度传感器初始化的部分代码封装成了函数 InitDHT（）。

2）数据采集模块 dataCollect

依据图 2-22 给定的数据采集模块的流程，数据采集模块 dataCollect 的编码在表 2-5 中给出。

初始化模块代码　　　　　　　　　　　　　　　　　　　　表 2-4

```
byte dht_dat[5];
byte bGlobalErr;
byte uploadFlag;
int count;
int dht_dpin;
//初始化 DHT11 温湿度传感器
void InitDHT() {
    pinMode(dht_dpin,OUTPUT);
    digitalWrite(dht_dpin,HIGH);
}
void setup() {
    dht_dpin = A0;
    count = 0;
    bGlobalErr = 1;
    uploadFlag = 1;
    InitDHT();
    Serial.begin(9600);
}
```

3）数据处理模块 dataProcess

依据图 2-23 给定的数据处理模块的流程，数据处理模块 dataProcess 的编码在表 2-6 中给出。

4）数据上传模块 dataUpload

依据图 2-24 给定的数据上传模块的流程，数据上传模块 dataUpload 的编码在表 2-7 中给出。

数据采集模块代码　　　　　　　　　　　　　　　　　　　　表 2-5

```
//数据采集模块
void dataCollection() {
    byte dht_in;

    bGlobalErr = 0;
    pinMode(dht_dpin,OUTPUT);
    digitalWrite(dht_dpin,LOW);
    //发送 20ms 的低电平
    delay(20);
    digitalWrite(dht_dpin,HIGH);
    delayMicroseconds(40);//发送 40μs 的高电平
    /* 发送完之后，这就等于把 DHT11 温湿度传感器启动了，这时候我们就要从这个引脚上
       接收数据了，所以这时候要将这个引脚定义为输入引脚
    */
    pinMode(dht_dpin,INPUT);
    //读取引脚传来的数据
    dht_in = digitalRead(dht_dpin);
```

```
if (dht_in) {
    bGlobalErr = 1;
   return;
}
delayMicroseconds(80);
//DHT11 温湿度传感器响应信号 低电平 80μs
dht_in = digitalRead(dht_dpin);

if (! dht_in) {
    bGlobalErr = 2;
    return;
}
delayMicroseconds(80);
//DHT11 温湿度传感器响应信号 高电平 80μs

byte i = 0;
for (i = 0; i < 5; i++) {
  byte j = 0;
  for (j = 0; j < 8; j++) {
      while (digitalRead(dht_dpin) == LOW);
    ////这一句就是要把低电平等过去。
      delayMicroseconds(30);
    if (digitalRead(dht_dpin) == HIGH)
      //判断是否为高电平，若是则可以接收数据了
      dht_dat[i] |= (1 << (7 - j));
      while (digitalRead(dht_dpin) == HIGH);
  }
}
pinMode(dht_dpin,OUTPUT);
digitalWrite(dht_dpin,HIGH);

byte check =
  dht_dat[0] + dht_dat[1] + dht_dat[2] + dht_dat[3];
if (dht_dat[4] ! = check)
  bGlobalErr = 3;
}
```

数据处理模块代码　　　　　　　　　　　　　　　　表 2-6

```
//数据处理模块
String dataProcess() {
    String TT,HH;
    uploadFlag = 1;
    switch (bGlobalErr) {
      case 0:
        count++;
        if (count > 65535) {
          count = 0;
        }
        HH = String(dht_dat[0]) + '.' + String(dht_dat[1]);
```

```
    TT = String(dht_dat[2]) + '.' + String(dht_dat[3]);
    uploadFlag = 0;
    return String(count) + " " + HH + " " + TT;
    break;
    }
}
```

数据上传模块代码 表 2-7

```
//数据上传模块
void dataUpdate(String data)
{
    if (uploadFlag = = 0)
    Serial.println(data);
}
```

5）调度模块 loop（）

依据图 2-25 给定的调度模块的流程，数据上传模块 dataUpload 的编码在表 2-8 中给出。考虑到 DHT11 温湿度传感器采集数据的速度较慢，因此在表 2-8 给定代码的最后一行使用了一个较长时间（2s）的延时指令。

调度模块代码 表 2-8

```
void loop () {
    String data;
    dataCollection ();
    data = dataProcess ();
    dataUpdate (data);
    delay (2000);
}
```

数据采集程序在编程实现时，以上各个模块的代码被保存在同一个 Arduino 项目的源程序文件中。在源程序经过验证/编译后上传到基于 Arduino 的建筑温湿度感知程序组成的 Arduino UNO R3 开发板，通过 USB 线缆保持 Arduino UNO R3 开发板与上位机的连接，若硬件平台上接通电源、初始化正常，则在上位机上启动串口调试助手并设定端口、波特率、校验位、数据位、停止位参数，如图 2-26 所示，可以在图 2-26 所示的串口调试助手主界面的接收区内查看到 Arduino UNO R3 开发板使用串口发送来的温度与湿度数据。在图 2-26 所示的使用串口调试助手接收数据的主界面，接收区的每一行是 Arduino UNO R3 开发板一次发送的数据，每行显示的类似"140.026.3"信息即作为下位机的 Arduino UNO R3 发送到上位机的数据，其中 1 就是计数器的数值，代表此时数据的第一个数据为计数器的值，第二个数据为湿度值，第三个数据为温度值。

为观察系统的灵敏度，可以人为对着 DHT11 温湿度传感器吹气，改变传感器周边环境的温湿度。观察的温度、湿度数据在图 2-27 中给出。显然，DHT11 温湿度传感器及时感知到了环境中温度与湿度的变化。

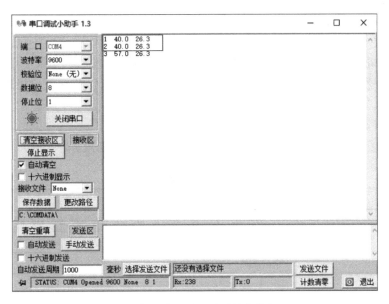

图 2-26　使用串口调试助手接收数据（1）

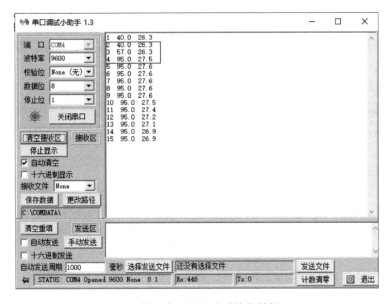

图 2-27　使用串口调试助手接收数据（2）

2.3　用户指南与展望

2.3.1　用户指南

本章设计基于 Arduino 的建筑物内温湿度感知系统，通过硬件上设计并实现基于 Arduino UNO R3 开发板和 DHT11 温湿度传感器的温湿度感知平台，并使用与该硬件平台适应、专门设计与开发的温湿度数据采集程序可以有效实现环境中温度、湿度信息的采集。使用时，系统与上位机的连接、上位机串口通信参数设定要求如下。利用串口调试助手提供的查看和保存数据功能，实现硬件平台采集温湿度数据的查看与保存。

1）连接要求

要求上位机安装 Arduino UNO R3 开发板的驱动程序。同时，要求使用 USB 电缆连接上位机与该硬件系统使用的在 Arduino UNO R3 的开发板，并在上位机运行串口调试助手工具软件。

2）参数设定

需要按照表 2-9 所示设定串口调试助手工具的串口通信参数。

上位机串口通信参数设定 表 2-9

参数	取值	备注
端口	Com4	取值为 Arduino UNO R3 连接上位机时实际使用端口
波特率	9600	
校验位	None（无）	
数据位	8	
停止位	1	

3）查看数据

正确设定串口调试助手工具的串口通信参数后，在串口调试助手主界面点击"打开串口"按钮，即可在串口调试助手的接收区看到硬件平台动态发送的温度、湿度数据。

4）保存数据

在串口调试助手接收区中显示的温度、湿度数据可以保存到后缀名为 TXT 的文本文件中。保存数据时，首先在串口调试助手主界面点击"更改路径"按钮，设定数据文件存储的位置，然后点击"保存数据"按钮，即可完成串口调试助手接收区中显示的温度、湿度数据的保存，用户可以在设定的存储位置找到该文件。

2.3.2 展望

本章设计与实现一套基于 Arduino 的建筑物内温湿度感知系统，侧重于帮助读者对物联网感知层进行初步了解，并没有从系统开发的便捷性、使用的便利性、系统的实用性等层面考虑系统的需求，因此可以从系统开发的便捷性、使用的便利性、系统的实用性等多个层面对该系统进行完善。

（1）使用 DHT11 温湿度传感器的第三方库

为了让读者通过体验 DHT11 温湿度传感器获取数据的流程，增加用户对物联网感知技术的体验。在设计温湿度数据采集程序的数据采集模块时，图 2-22 所示的数据采集模块流程以及在表 2-19 中给出的数据采集模块代码细致地给出了使用 DHT11 温湿度传感器采集温度与湿度数据的过程。事实上，对 DHT11 温湿度传感器这种经常被使用的传感器，在 Arduino 社区以及 github 上有着大量的经过实际应用检验的第三方库，读者可以自行搜索并下载安装，也可以使用 Arduino IDE 提供的库管理功能比较方便地查找并添加 DHT11 温湿度传感器的第三方库：首先在 Arduino IDE 主界面点击"工具→管理库"菜单，弹出 Arduino IDE 的库管理器窗体如图 2-28 所示；然后在库管理窗体的类型选项中选择"Arduino"，主题选项中选择传感器，并在搜索内容输入框里输入"DHT11"，则可以使用第三方库在库管理窗体的查询结果区域里看到可以安装的 DHT11 温湿度传感器的第三方库。在每个第三方库可以通过点击"More info"链接查看该库的详细信息。选定合适的第三方库，点击该库的版本下拉框选择合适的版本后，点击安装，弹出安装选项的对话窗体，在该窗体中，一般选择"Install all"按钮安装全部的第三方库（一般会同时安装 demo 项目，该项目会给出使用该库的方法与例子）。由于这些第三方库一般都提供了使用传感器采集数据的接口，则在第三方库安装完成并测试通过后，可以在自己的 Arduino 程序中通过"♯include"指令直接引用该库，并使用该库提供的接口直接读取数据。

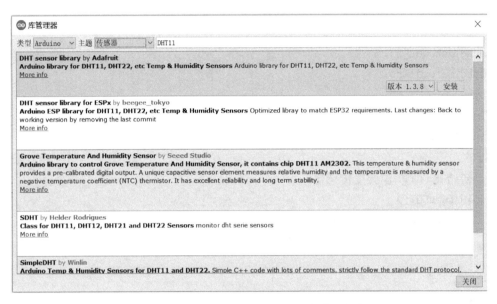

图 2-28　使用 Arduino 库管理器安装第三方库

（2）开发适用于用户查看、保存与分析数据的上位机软件

本章设计与实现的基于 Arduino 的建筑物内温湿度感知系统，侧重于下位机的硬件设计与软件设计，上位机查看、保存数据的操作通过使用第三方串口软件"串口调试助手"完成。考虑到温度、湿度数据的采集是建筑运行状态监测、建筑能效过程检测、建筑能效评估活动中的重要内容，根据特定的应用领域，开发完整地、方便地、实用地使用上位机的建筑温湿度数据采集与管理软件是值得开展的工作。通过运行上位机上专业的建筑温湿度数据采集与管理软件，用户可以方便地查看、保存与分析数据，并可以为其他建筑节能和建筑智能化的活动提供温度与湿度在线数据和历史数据的支持。

（3）结合应用，设计 DHT11 温湿度传感器的部署

本章设计与实现了基于 Arduino 的建筑物内温湿度感知系统，其硬件平台中，DHT11 温湿度传感器固定在面包板上，DHT11 温湿度传感器距离 Arduino UNO R3 开发板较近。虽然基于传感器的部署方案，Arduino UNO R3 可以实现环境中温度、湿度信息的采集，但实际应用中，如测定诸如墙体、门窗等建筑围护结构的导热系数（k 值）的平均时，需要将 DHT11 温湿度传感器部署到指定的测量位置，这种情形下，已经实现的建筑物内温湿度感知系统使用上不是很方便。加大 DHT11 温湿度传感器与 Arduino UNO R3 开发板的距离，使得容纳 DHT11 温湿度传感器的装置易于固定，是设计

DHT11 温湿度传感器部署新方案时需要认真考虑的需求。

(4) 多 DHT11 温湿度传感器的建筑物内温湿度感知系统设计

以建筑能效测试与评估的建筑节能与建筑智能化相关应用中,需要同时测量多点的温度与湿度数据。在 Arduino UNO R3 开发板计算能力允许的范围内,设计具有多 DHT11 温湿度传感器的硬件平台、支持多 DHT11 温湿度传感器的数据采集程序是值得关注的工作。

2.4 附录源代码

```
byte dht_dat[5];
byte bGlobalErr;
byte uploadFlag;
int count;
int dht_dpin;

//初始化 DHT11 温湿度传感器
void InitDHT() {
    pinMode(dht_dpin,OUTPUT);
    digitalWrite(dht_dpin,HIGH);
}

void setup() {
    dht_dpin = A0;
    count = 0;
    bGlobalErr = 1;
    uploadFlag = 1;
    InitDHT();
  Serial.begin(9600);
}

void loop() {
    String data;
    dataCollection();
    data = dataProcess();
    dataUpdate(data);
    delay(2000);
}

//数据采集模块
```

```
void dataCollection() {
    byte dht_in;

    bGlobalErr = 0;
    pinMode(dht_dpin,OUTPUT);
    digitalWrite(dht_dpin,LOW);
//发送 20ms 的低电平
delay(20);
    digitalWrite(dht_dpin,HIGH);
    delayMicroseconds (40); //发送 40μs 的高电平
/* 发送完之后，这就等于把 DHT11 温湿度传感器启动了，
    这时候我们就要从这个引脚上接收数据了，
    所以这时候要将这个引脚定义为输入引脚
*/
    pinMode(dht_dpin,INPUT);
//读取引脚传来的数据
    dht_in = digitalRead(dht_dpin);
    if (dht_in) {
        bGlobalErr = 1;
        return;
}
delayMicroseconds(80);
//DHT11 温湿度传感器响应信号 低电平 80μs
dht_in = digitalRead(dht_dpin);

    if (! dht_in) {
        bGlobalErr = 2;
        return;
}
delayMicroseconds(80);
//DHT11 温湿度传感器响应信号 高电平 80μs

byte i = 0;
for (i = 0; i < 5; i++) {
    byte j = 0;
    for (j = 0; j < 8; j++) {
        while (digitalRead(dht_dpin) == LOW);
    ////这一句就是要把低电平等过去
        delayMicroseconds(30);
```

```
            if (digitalRead(dht_dpin) = = HIGH)
        //判断是否为高电平，若是则可以接收数据了
            dht_dat[i] | = (1 << (7 - j));
            while (digitalRead(dht_dpin) = = HIGH);
    }
  }
  pinMode(dht_dpin,OUTPUT);
  digitalWrite(dht_dpin,HIGH);

  byte check =
    dht_dat[0] + dht_dat[1] + dht_dat[2] + dht_dat[3];
  if (dht_dat[4] ! = check)
  {
        bGlobalErr = 3;
  }
}


//数据处理模块
String dataProcess() {
    String TT,HH;
    uploadFlag = 1;
    switch (bGlobalErr) {
        case 0：
        count++;
        if (count > 65535) {
                count = 0;
        }
    HH = String(dht_dat[0]) + '.' + String(dht_dat[1]);
    TT = String(dht_dat[2]) + '.' + String(dht_dat[3]);

    return String(count) + "  " + HH + "  " + TT;
    uploadFlag = 0;
    break;
    }


}


//数据上传模块
void dataUpdate(String data)
```

```
{
    if (uploadFlag = = 0)
        Serial. println(data);
}
```

思　考　题

1. 什么是单片机? 单片机的最小系统是什么?

2. 简要回答物联网层次模型中感知层的作用。

3. 概述 Arduino 开发平台的特点。

4. 如何理解 C/C++是 Arduino 平台的开发语言?

5. 简单说明 DHT11 温湿度传感器各引脚的含义。

6. 概述基于 Arduino 的建筑物内温湿度感知系统的功能与结构。

7. 基于 Arduino 的建筑物内温湿度感知系统中, Arduino 平台的作用是什么?

8. 为确定一台 Arduino 开发板最多可以接入多少个 DHT11 温湿度传感器, 设计一个实验方案。

9. 参照基于 Arduino 的建筑物内温湿度感知系统, 设计一个可以采集多点温湿度信息的温湿度感知系统。

第 3 章　接入与汇聚程序设计与实现

物联网层次模型从体系结构上将物联网自下向上划分为感知层、网络层、应用层三个层次。感知层实现了对客观世界物品或环境信息的感知（在有些应用中还具有控制功能），是物联网架构的最底层，物的信息汇入网络形成物联网的起点。与感知层不同，网络层又可自下而上划分为接入子层、汇聚子层、骨干子层三个子层次，接入子层为感知系统和局域网接入汇聚层/广域网或者终端用户访问网络提供支持；汇聚子层将网络业务连接到骨干网，并且实施与安全、流量负载和路由相关的策略；骨干子层提供不同区域或者下层的高速连接和最优传送路径。物联网应用系统在设计时，需要根据感知层的特点对接入层、汇聚层进行合适的设计与实现。无论是接入子层还是汇聚子层的设计与实现，都有网络设计与实现、支持软件设计与实现两个层面的内容。接入层、汇聚层的网络设计与实现在第1章已经介绍过，本章在上一章实现的感知系统的基础上，让感知系统增加接入网络的功能，并设计和实现了具有汇聚功能的传输层软件。

为让上一章实现的感知系统具备接入网络的能力，本章的 3.1 将首先对套接字以及基于套接字 API 的编程进行介绍。同时，由于具有汇聚功能的传输层软件不仅需要接收感知系统通过套接字发送过来的数据，还需要访问网络上的 SQL Server 2014 服务器上的数据库，关于 SQL Server 2014 安装与配置的介绍也在 3.1 给出。

3.1　基　础　技　术

3.1.1　套接字

套接字接口（Socket Interface，简称套接字）最初是加利福尼亚大学 Berkeley 分校在 Unix 系统中引入的一种通信机制，利用该通信机制，不仅可以实现本机进程间的通信，还可以基于网络，实现网络中应用程序之间的通信。套接字实现的是端到端之间的通信，当使用套接字实现网络中应用程序之间端到端方式通信时，一次通信会话连接有两个传输层连接端点，有时，传输层连接端点也可以被称作是套接字（Socket）。根据 RFC793 的定义，套接字由主机的 IP 地址和应用程序使用的端口号拼接组成，即所谓套接字，作为一个通信端点，都使用一个套接字序号表示，该序号形如"主机 IP 地址:端口号"，其中端口号的范围从 0 到 65535。例如，如果 IP 地址是 aaa. bbb. ccc. ddd，而端口号是 kk，则对应的套接字为"aaa. bbb. ccc. ddd:kk"。

对网络应用，传输层实现了应用之间端到端的通信。当套接字用于两个网络应用的通信时，各自通信连接中的一个端点。通信时，其中的一个网络应用程序将要传输的一段信息写入它所在主机的 Socket 中，该 Socket 通过网络接口卡的传输介质将这段信息发送给另一台主机的 Socket 中，而运行在这台主机上作为该次通信一端的网络应用程序可以从该 Socket 中获得传输过来的信息。

随着 TCP/IP 网络的发展，Socket 成为最为通用的应用程序接口，也是在 Internet 上进行应用开发最为通用的 API。在实现网络应用程序之间的通信时，许多操作系统并没有另外开发一套其他的编程接口，而是选择了对于套接字编程接口的支持。由于这个套接字规范最早是由 Berkeley 大学开发的，一般将它称为 Berkeley Sockets 规范。Microsoft 系统也通过 Windows Sockets 规范实现了套接字接口。Windows Sockets 在 Berkeley Sockets 的基础之上进行了扩充（主要是增加了一些异步函数以及符合 Windows 消息驱动特性的网络事件异步选择机制）。Windows Sockets 规范是一套开放的、支持多种协议的 Windows 下的网络编程接口，包括 1.1 版和 2.0 版两个版本。其中 1.1 版只支持 TCP/IP 协议，而 2.0 版可以支持多协议，2.0 版有良好的向后兼容性。当前 Windows 下的 Internet 软件绝大部分都是基于 Windows Sockets 开发的。

应用程序使用套接字应用程序接口（Sockek API）进行套接字通信。图 3-1 显示了网络中两个网络应用使用套接字应用程序接口进行通信体系结构的示意。套接字的应用程序接口定义了应用程序与协议栈软件进行交互时可以使用的一组操作，而这组操作的实现，决定了应用程序使用协议栈的方式、应用程序所能实现的功能以及开发具有这些功能的程序的难度。

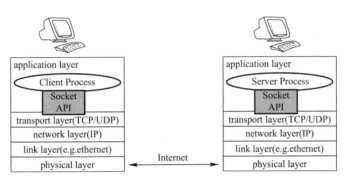

图 3-1　网络应用基于套接字的通信体系结构

套接字实现了端到端在传输层的连接，其通信基于网络层实现。依据输出数据的类型以及基于的网络层协议，套接口主要分为如下三类：流套接字（Stream Socket）SOCK _ STREAM、数据报套接字（Datagram Socket）SOCK _ DGRAM、原始套接字（Raw Socket）SOCKET _ RAW 三类。图 3-2 给出了这三类套接字基于网络层协议的示意。

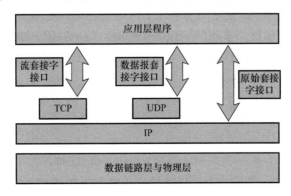

图 3-2　三类套接字

1. 流式套接字 SOCK_STREAM

基于 TCP 协议，提供了一个面向连接的、可靠的数据传输服务，数据无差错、无重复地发送且按发送顺序接收。内置流量控制，避免数据流淹没慢的接收方。数据被看作是字节流，无长度限制。

2. 数据报套接字 SOCK_DGRAM

基于 UDP 协议，提供无连接服务。数据包以独立数据包的形式被发送，不提供无差错保证，数据可能丢失或重复，顺序发送，允许乱序接收。一般一个数据包最大长度为 32KB。

3. 原始套接字 SOCKET_RAW

该套接字允许对较低层协议（如 IP 或 ICMP）进行直接访问，常用于网络协议分析，检验新的网络协议实现，也可用于测试新配置或安装的网络设备。

socket 起源于 Unix，而 Unix/Linux 基本哲学之一就是"一切皆文件"，都可以用"打开 open→读写 write/read→关闭 close"模式来操作。socket 就是该模式的一个实现，可以将 socket 看作是一种特殊的文件，一些 socket 函数就是对其进行的操作（读/写 IO、打开、关闭）等。下面以 TCP 为例，以 C 语言应用开发为背景，对几个基本的 socket 接口函数解读。

（1）socket()函数

int socket(int domain, int type, int protocol);

socket 函数对应于普通文件的打开操作。普通文件的打开操作返回一个文件描述字，而 socket()用于创建一个 socket 描述符（socket descriptor），它标识唯一一个 socket。这个 socket 描述符跟文件描述符一样，后续的操作都有用到它，把它作为参数，通过它来进行一些读写操作。正如可以给 fopen 传入不同参数值，以打开不同的文件。创建 socket 的时候，也可以指定不同的参数创建不同的 socket 描述符，socket 函数的三个参数分别为：

1）Domain：即协议域，又称为协议族（family）。常用的协议族有，AF_INET、AF_INET6、AF_LOCAL（或称 AF_UNIX，Unix 域 socket）、AF_ROUTE 等。协议族决定了 socket 的地址类型，在通信中必须采用对应的地址，如 AF_INET 决定了要用 ipv4 地址（32 位的）与端口号（16 位的）的组合、AF_UNIX 决定了要用一个绝对路径名作为地址。

2）Type：指定 socket 类型。常用的 socket 类型有 SOCK_STREAM、SOCK_DGRAM、SOCK_RAW、SOCK_PACKET、SOCK_SEQPACKET 等。

3）Protocol：指定协议。常用的协议有 IPPROTO_TCP、IPPTOTO_UDP、IPPROTO_SCTP、IPPROTO_TIPC 等，它们分别对应 TCP 传输协议、UDP 传输协议、STCP 传输协议、TIPC 传输协议。

需要指出的是，上面的 Type 和 Protocol 并不是可以随意组合的，如 SOCK_STREAM 不可以跟 IPPROTO_UDP 组合。当 Protocol 为 0 时，会自动选择 Type 类型对应的默认协议。

当调用 socket 创建一个 socket 时，返回的 socket 描述符存在于协议族（address family，AF_XXX）空间中，但没有一个具体的地址。如果想要给它赋值一个地址，就必须调用 bind()函数，否则当调用 connect()、listen()时系统会自动随机分配一个端口。

（2）bind（）函数

int bind(int sockfd, const struct sockaddr * addr, socklen _ t addrlen);

bind（）函数把一个地址族中的特定地址赋给 socket。例如对应 AF _ INET、AF _ IN-ET6 就是把一个 ipv4 或 ipv6 地址和端口号组合赋给 socket。bind（）函数的三个参数分别为：

1）sockfd：即 socket 描述字，它是通过 socket（）函数创建了唯一标识 socket。bind（）函数就是将给这个描述字绑定一个名字。

2）addr：一个 const struct sockaddr * 指针，指向要绑定给 sockfd 的协议地址。这个地址结构根据地址创建 socket 时的地址协议族的不同而不同，与 ipv4 对应的是：

```
struct sockaddr_in {
    sa_family_t    sin_family;
    in_port_t      sin_port;
    struct in_addr sin_addr;
};
struct in_addr {
    uint32_t        s_addr;
};
```

而与 Unix 域对应的是：

```
#define UNIX_PATH_MAX    108
struct sockaddr_un {
    sa_family_t sun_family;
    char            sun_path[UNIX_PATH_MAX];
};
```

3）Addrlen：对应的是地址的长度。

通常服务器在启动的时候都会绑定一个众所周知的地址（如 IP 地址＋端口号），用于提供服务，客户就可以通过它来接连服务器；而客户端就不用指定，由系统自动分配一个端口号和自身的 IP 地址组合。这就是为什么通常服务器端在 listen 之前会调用 bind()，而客户端就不会调用，而是在 connect()时由系统随机生成一个。

（3）listen（）、connect（）函数

int listen(int sockfd, int backlog);

int connect(int sockfd, const struct sockaddr * addr, socklen _ t addrlen);

如果作为一个服务器，在调用 socket（）、bind（）之后就会调用 listen（）来监听这个 socket，如果客户端这时调用 connect（）发出连接请求，服务器端就会接收到这个请求。

listen（）函数的第一个参数即为要监听的 socket 描述字，第二个参数为相应 socket 可以排队的最大连接个数。socket（）函数创建的 socket 默认是一个主动类型的，listen（）函数将 Socket 变为被动类型的，等待客户的连接请求。

connect（）函数的第一个参数即为客户端的 socket 描述字，第二个参数为服务器的 sockct 地址，第三个参数为 socket 地址的长度。客户端通过调用 connect（）函数来建立与 TCP 服务器的连接。

（4）accept（）函数

int accept(int sockfd, struct sockaddr * addr, socklen _ t * addrlen);

TCP 服务器端依次调用 socket（）、bind（）、listen（）之后，就会监听指定的 socket 地址了。TCP 客户端依次调用 socket（）、connect（）之后向 TCP 服务器发送了一个连接请求。TCP 服务器监听到这个请求之后，就会调用 accept（）函数去接收请求，这样连接就建立好了。之后就可以开始网络 I/O 操作了，即类似于普通文件的读写 I/O 操作。

accept 函数的第一个参数为服务器的 socket 描述字，第二个参数为指向 struct sockaddr * 的指针，用于返回客户端的协议地址，第三个参数为协议地址的长度。如果 accpet 成功，那么其返回值是由内核自动生成的一个全新的描述字，代表与返回客户的 TCP 连接。

需要注意的是：accept 的第一个参数为服务器的 socket 描述字，是服务器开始调用 socket（）函数生成的，称为监听 socket 描述字；而 accept 函数返回的是已连接的 socket 描述字。一个服务器通常仅只创建一个监听 socket 描述字，它在该服务器的生命周期内一直存在。内核为每个由服务器进程接受的客户连接创建了一个已连接 socket 描述字，当服务器完成了对某个客户的服务，相应地已连接 socket 描述字就被关闭。

（5）read（）、write（）等函数

服务器与客户建立好连接后，就可以调用网络 I/O 进行读写操作，这也就实现了网络中不同应用程序（进程）之间的通信。常见的 socket 网络 I/O 操作有 read（）/write（）、recv（）/send（）、readv（）/writev（）、recvmsg（）/sendmsg（）、recvfrom（）/sendto（）等，它们的声明如下：

ssize_t read(int fd, void * buf, size_t count);

ssize_t write(int fd, const void * buf, size_t count);

ssize_t send(int sockfd, const void * buf, size_t len, int flags);

ssize_t recv(int sockfd, void * buf, size_t len, int flags);

ssize_t sendto(int sockfd, const void * buf, size_t len, int flags,
const struct sockaddr * dest_addr, socklen_t addrlen);

ssize_t recvfrom(int sockfd, void * buf, size_t len, int flags,
struct sockaddr * src_addr, socklen_t * addrlen);

ssize_t sendmsg(int sockfd, const struct msghdr * msg, int flags);

ssize_t recvmsg(int sockfd, struct msghdr * msg, int flags);

read 函数是负责从 fd 中读取内容。当读成功时，read 返回实际所读的字节数，如果返回的值是 0，表示已经读到文件的结束了；小于 0，表示出现了错误。如果错误为 EINTR，说明读操作是由中断引起的；如果是 ECONNREST，表示网络连接出了问题。

write 函数将 Buf 中的 Nbytes 字节内容写入文件描述符 fds，成功时返回写的字节数。失败时返回—1，并设置 errno 变量。在网络程序中，当我们向套接字文件描述符写时有两种可能：write 的返回值大于 0，表示写了部分或者是全部的数据；或者返回的值小于 0，此时出现了错误。需要根据错误类型来处理。如果错误为 EINTR，表示在写的时候出现了中断错误；如果为 EPIPE，表示网络连接出现了问题（对方已经关闭了连接）。

（6）close（）函数

int close(int fd);

在服务器与客户端建立连接之后，会进行一些读写操作，完成了读写操作就要关闭相应的 socket 描述字，这类似于对文件的操作：操作完成后，已经打开的文件要调用 fclose 关闭打开的文件。

需要注意的是，close 操作只是使相应 socket 描述字的引用计数减 1，只有当引用计数为 0 的时候，才会触发 TCP 客户端向服务器发送终止连接请求。

表 3-1 和表 3-2 分别给出了使用上述几个 socket 接口函数实现的两个基于 socket 的应用程序。这两个程序使用 socket 实现了端到端的通信。这两个程序采用的基于 TCP 协议的 client/server 模式通信，表 3-1 给出的是 server 端程序 server.c，而表 3-2 给出的是 client 端程序 client.c。

server. c

表 3-1

```
//server.c
# include<sys/types.h>
# include<sys/socket.h>                          //包含套接字函数库
# include<stdio.h>
# include<netinet/in.h>                          //包含 AF_INET 相关结构
# include<arpa/inet.h>                           //包含 AF_INET 相关操作的函数
# include<unistd.h>
int main()
{
    int server_sockfd, client_sockfd;           //用于保存服务器和客户套接字标识符
    int server_len, client_len;                 //用于保存服务器和客户消息长度
    struct sockaddr_in server_address;          //定义服务器套接字地址
    struct sockaddr_in client_address;          //定义客户套接字地址

    server_sockfd = socket(AF_INET, SOCK_STREAM, 0);     //定义套接字类型
    server_address. sin_family = AF_INET;               //定义套接字地址中的域
    server_address. sin_addr. s_addr=inet_addr("127.0.0.1");  //定义套接字地址
    server_address. sin_port=9734;                      //定义套接字端口
    server_len=sizeof(server_address);
    bind(server_sockfd, (struct sockaddr * ) &server_address, server_len);   //定义套接字名字
    listen(server_sockfd, 5);                   //创建套接字队列
    while (1) {
        char ch;
        printf("服务器等待消息\n");
        client_len=sizeof(client_address);
        client_sockfd=accept(server_sockfd,     //接受连接
            (struct sockaddr * ) &client_address,
            (socklen_t * __restrict) &client_len);
        read(client_sockfd, &ch, 1);            //读取客户消息
        ch++;
        write(client_sockfd, &ch, 1);           //向客户传送消息
        close(client_sockfd);                   //关闭连接
    }
}
```

client. c

表 3-2

```
//client.c
# include<sys/types.h>
# include<sys/socket.h>                          //包含套接字函数库
# include<stdio.h>
```

续表

```
#include<netinet/in.h>                              //包含 AF_INET 相关结构
#include<arpa/inet.h>                               //包含 AF_INET 相关操作的函数
#include<unistd.h>
int main(){
    int sockfd;                                     //用于保存客户套接字标识符
    int len;                                        //用于客户消息长度
    struct sockaddr_in address;                     //定义客户套接字地址
    int result;
    char ch='A';                                    //定义要传送的消息
    sockfd=socket(AF_INET,SOCK_STREAM, 0);          //定义套接字类型
    address.sin_family = AF_INET;                   //定义套接字地址中的域
    address.sin_addr.s_addr=inet_addr("127.0.0.1");  //定义套接字地址
    address.sin_port=9734;                          //定义套接字端口
    len=sizeof(address);
    result=connect(so fd, (struct sockaddr *) &address, len);  //请求连接
    if (result==-1) {
        perror("连接失败");
        return 1;
    }
    write(sockfd, &ch, 1);                          //向服务器传送消息
    read(sockfd, &ch, 1);                           //从服务器接收消息
    printf("来自服务器的消息是%c\n", ch);
    close(sockfd);                                  //关闭连接
    return 0;
}
```

在表 3-1 中名称为 server.c 的服务器端程序的源代码中，斜体加重标记的语句 "*server _ address.sin _ addr.s _ addr = inet _ addr* ("127.0.0.1");"中的 IP 地址应取值为运行服务器端程序计算机的 IP 地址。在表 3-1 中，由于服务器端程序和客户端程序都在同一台计算中，因此将 IP 地址设定为 "127.0.0.1"。

表 3-2 中名称为 client.c 的客户端源代码中，斜体加重标记的语句 "*address.sin _ addr.s _ addr = inet _ addr*("127.0.0.1");"中的 IP 地址应取值为运行服务器端程序计算机的 IP 地址。在表 3-2 中，由于服务器端程序和客户端程序都在同一台计算中，因此将 IP 地址设定为 "127.0.0.1"。

3.1.2 SQL Server2014 的安装与配置

SQL Server 是一个关系数据库管理系统。它最初是由 Microsoft、Sybase 和 Ashton-Tate 三家公司共同开发的，于 1988 年推出了第一个 OS/2 版本。在 Windows NT 推出后，Microsoft 与 Sybase 在 SQL Server 的开发上就分道扬镳了，Microsoft 将 SQL Server 移植到 Windows NT 系统上，专注于开发推广 SQL Server 的 Windows NT 版本。Sybase 则较专注于 SQL Server 在 UNIX 操作系统上的应用。

SQL Server 2014 版本提供了企业驾驭海量资料的关键技术——in-memory 增强技术，内建的 in-memory 技术能够整合云端各种资料结构，其快速运算效能及高度资料压缩技术可以帮助客户加速业务和向全新的应用环境进行切换，同时提供与 Microsoft Office 连接的分析工具，通过与 Excel 和 Power BI for Office 365 的集成，SQL Serve 2014 提供让业务人员可以自主将资料进行即时的决策分析的商业智能功能。SQL Server 2014 还启用了全新的混合云解决方案，可以充分获得来自云计算的种种益处。

最新版本的 SQL Server 的 Developer 的安装文件可以从 SQL Server 官网下载。本书使用的是 SQL Server2014 安装文件为安装光盘的 ISO 映像 SQLServer2014SP1-FullSlip-stream-x64-CHS. iso。鼠标左键双击该映像文件，卷标为 SQL2014 _ x64 _ CHS 虚拟 DVD 被上载。在该虚拟 DVD 的根目录，有一个名称为 setup. exe 的文件，鼠标左键双击该文件，启动 SQL Server 安装中心。启动操作正常执行时的状态如图 3-3 所示。

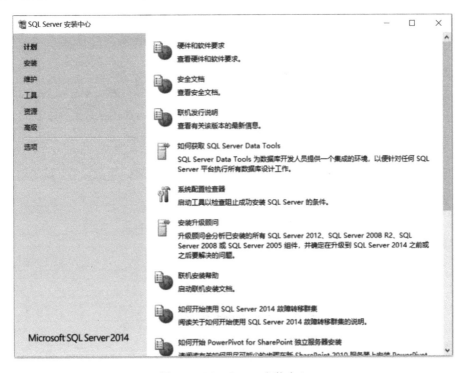

图 3-3　SQL Server 安装中心

鼠标左键单击图 3-3 所示的 SQL Server 安装中心左部的安装按钮，弹出图 3-4 所示的 SQL Server 安装选项。鼠标左键单击图 3-4 所示的 SQL Server 安装选项中的"全新 SQL Server 独立安装或向现有安装添加功能"选项，弹出图 3-5 所示的 SQL Server 的产品密钥输入窗体。输入产品密钥后点击"下一步"按钮，进入"许可条款"对话窗体，在窗体中选中"我接受许可条款（A）"前的复选框，点击"下一步"按钮，进入图 3-6 所示的是否选择更新的对话框。在图 3-6 所示的窗体中，若选中"使用 Microsoft Update 检查更新（推荐）（M）"前的复选框，点击"下一步"按钮后，安装程序将调用 Windows 的 Update 服务检查操作系统以及包括 SQL Server2014 在内软件的重要更新检查，更新过程中若弹出新的对话窗体，直接点击每个对话窗体的"下一步"按钮，继续操作，直到图 3-7 所示的窗体出现；若没有选中"使用 Microsoft Update 检查更新（推荐）（M）"前的复选框，点击"下一步"按钮后弹出图 3-7 所示的安装规则对话窗体。

在图 3-7 所示的安装规则对话窗体，若显示的信息里失败的规则数不是 0，则需要针对失败的规则对系统设置进行针对性修改，并在修改完成后点击重新运行按钮进行安装规则检查，直至显示的信息里失败的规则数为 0。在图 3-7 所示的安装规则对话窗体中显示的信息里失败的规则数为 0 后，点击"下一步"按钮，进入图 3-8 所示的功能选择对话窗体。

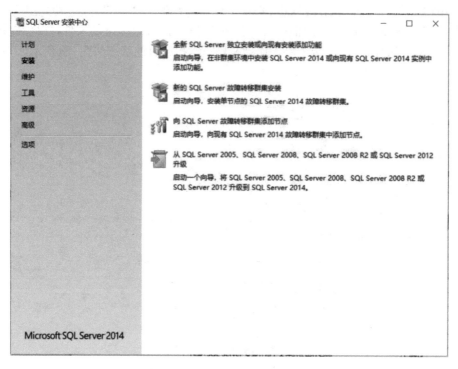

图 3-4　SQL Server 的安装选项

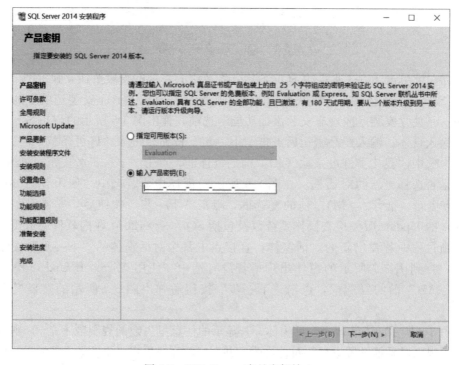

图 3-5　SQL Server 产品密钥输入

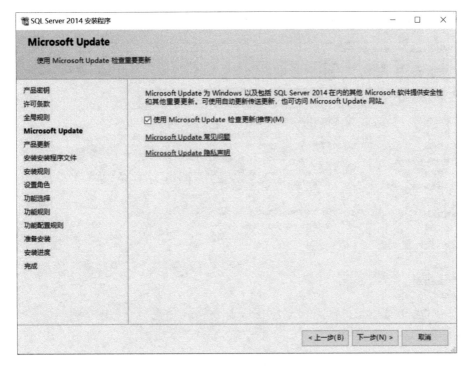

图 3-6　更新检查

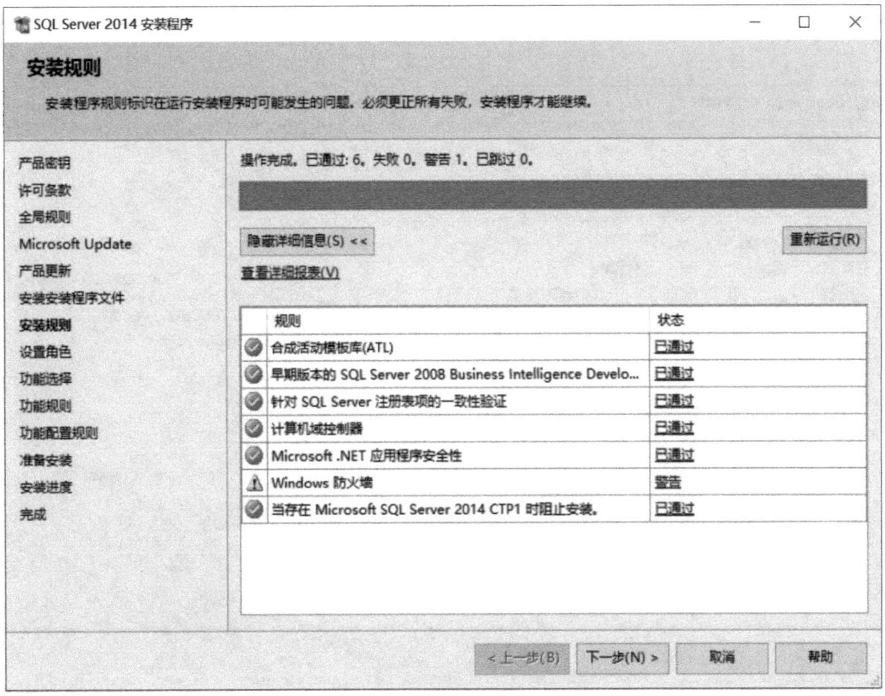

图 3-7　安装规则

　　在图 3-8 所示的设置角色对话窗体中，选中"SQL Server 功能安装（S）"后点击"下一步"按钮，进入图 3-9 所示的功能选择对话窗体，在该窗体中首先点击"全选"按钮，选中全部功能，然后点击"下一步"按钮，进入如图 3-10 所示的实例配置对话窗体。

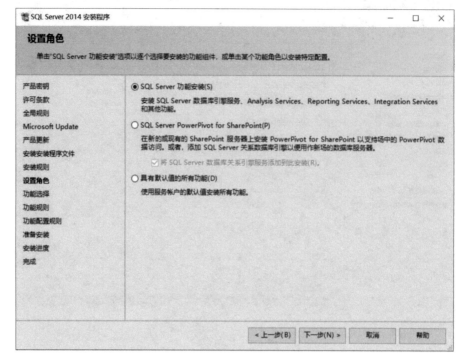

图 3-8　设置角色

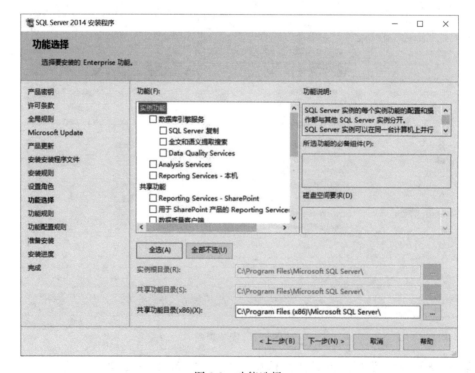

图 3-9　功能选择

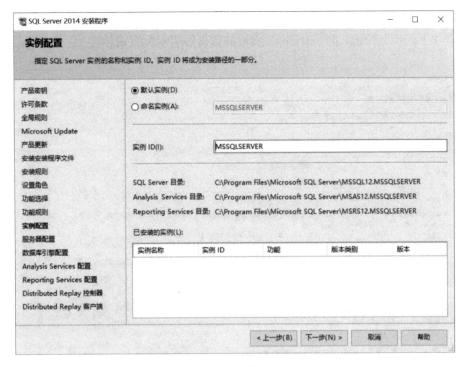

图 3-10 实例配置

在图 3-10 所示的实例配置对话窗体中，可以先选中"命名实例（A）"，然后在"实例 ID（I）"对话框输入即将安装的 SQL Server 的名称，也可以使用默认的名称。本书使用的是默认的名称 MSSQLSERVER。在确定合适的安装的 SQL Server 的名称后，点击"下一步"按钮，进入图 3-11 所示的服务器配置窗体。

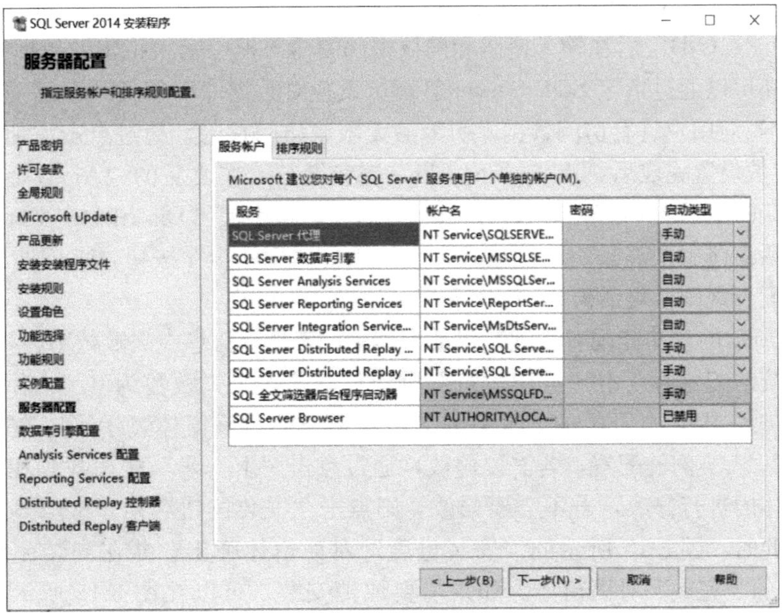

图 3-11 服务器配置

本书中，服务器的配置全部采用默认设置，因此在图 3-11 所示的服务器配置窗体中直接点击"下一步"按钮，进入图 3-12 所示的数据库引擎配置窗体。

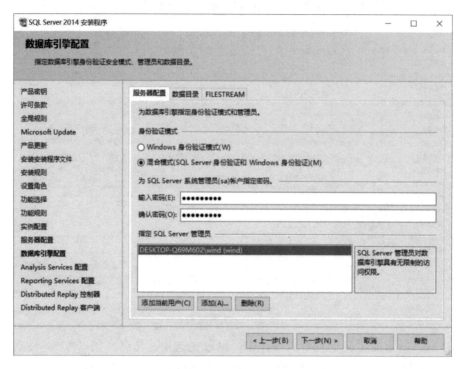

图 3-12　数据库引擎配置

在图 3-12 所示的数据库引擎配置窗体中，除身份验证模式参数外，数据库引擎全部采用默认参数配置；对身份验证模式，选中"混合模式（SQL Server 身份验证和 Windows 身份验证）（M）"后在输入密码和确认密码的输入框中输入拟定的数据库引擎 sa 账户的密码。还可以通过指定 SQL Server 管理员设置对数据库引擎无限制访问权限的用户（本书中设置当前用户具有访问数据库引擎的无限制访问权限，通过点击添加当前用户按钮完成）。参数设置完成后，点击"下一步"按钮继续，在之后的"Analysis Services 配置""Reporting Services 配置""Distributed Replay 控制器""Distributed Replay 客户端"等配置的对话窗体中全部采用默认设置，直接点击"下一步"按钮，直至进入图 3-13 所示的"功能配置规则"对话窗体。

图 3-13 所示的"功能配置规则"对话窗体中，若显示信息中失败数不为 0，需要在针对性修改系统的配置后点击"重新运行"重新检查，直至失败数为 0，然后点击"下一步"按钮，进入图 3-14 所示的"准备安装"对话窗体。该窗体显示了正在进行安装的 SQL Server2014 实例的配置，若需要修改，通过点击"上一步"按钮找到相应的窗体并在相应的窗体内进行修改，若不需要修改，则点击"安装按钮启动"SQL Server2014 实例的安装，此时，图 3-15 所示的"安装进度"对话窗体弹出，并在安装完成后切换至图 3-16 所示的"完成"对话窗体。如果需要取消安装，可以在图 3-15 所示的"安装进度"对话窗中点击"取消"按钮。

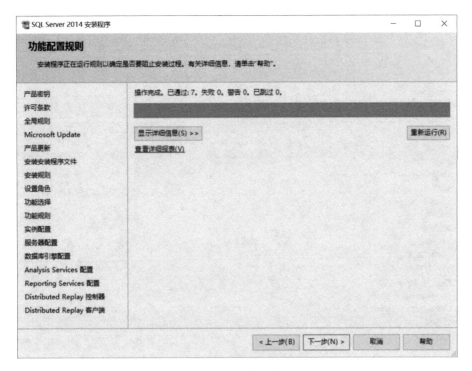

图 3-13　数据库引擎配置

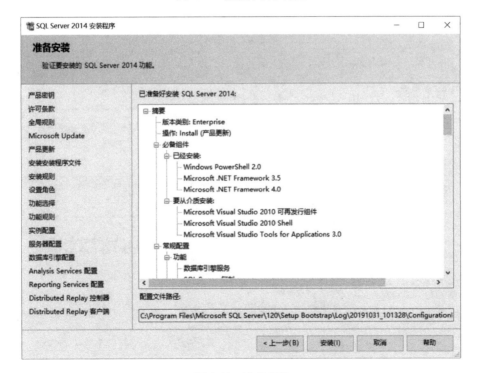

图 3-14　准备安装

　　图 3-16 所示的"完成"对话窗休中显示了 SQL Server2014 各个功能的安装状态，确认无误后可以点击"关闭"按钮，退出 SQL Server2014 的安装。

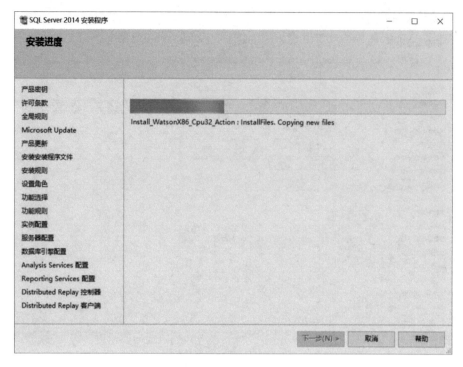

图 3-15　安装进度

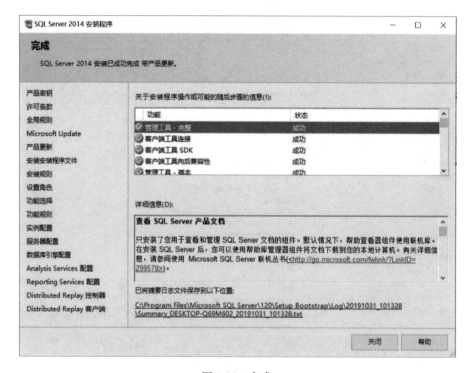

图 3-16　完成

　　客户端应用要通过网络使用 TCP/IP 协议访问 SQL Server 2014 提供的数据库服务，需要 SQL Server 2014 启用特定的端口，默认情况下，该端口的端口号为 1433。可以使用

SQL Server 2014 自带的 "SQL Server 2014 配置管理器" 启用该端口。

若 SQL Server 2014 安装成功，则可以在 Windows 10 的开始菜单中找到 "Microsoft SQL Server 2014" 程序，进而可以在 "Microsoft SQL Server 2014" 程序组中找到 "SQL Server 2014 配置管理器" 后，单击启动 SQL Server 2014 配置管理器，如图 3-17 所示。

图 3-17　SQL Server Configuration Manager（一）

在图 3-17 所示的窗体中点击左部导航栏的 "SQL Server 网络配置" 条目，相应地在图 3-17 所示窗体的右部出现 "MSSQLSERVER 的协议"，双击 "MSSQLSERVER 的协议" 项后，图 3-17 所示窗体变化至图 3-18 所示的窗体。

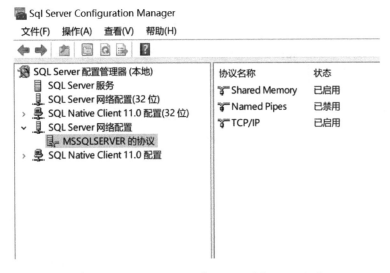

图 3-18　SQL Server Configuration Manager（二）

在图 3-18 所示的窗体中，右部分区域确认 "TCP/IP" 协议的状态是 "已启用"，双击 "TCP/IP"，弹出 "TCP/IP 属性" 对话框，如图 3-19（a）所示。在图 3-19（b）所示 "TCP/IP 属性" 对话框中，点击 "IP 地址" 和 "协议"，可以分别从 "协议" 和 "IP 地址" 视角查看 "MSSQLSERVER 的协议" 中 TCP/IP 协议的配置状态。而协议的配置操作，则可以通过选中图 3-18 所示窗体右部的协议后，点击操作菜单完成对应协议的 "启用"或"禁止"。特别指出的是，需要在图 3-19 所示"TCP/IP 属性"对话框中确认 1433 端口是否打开，若没有打开，需要通过图 3-18 所示窗体左部导航栏的"SQL Native Client 11.0 配置（32 位）"将该端口打开，具体操作不再赘述。

 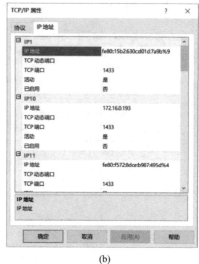

（a）   （b）

图 3-19　TCP/IP 属性
（a）协议；（b）IP 地址

3.2　感知系统的网络接入

3.2.1　需求变更

第 2 章的实现基于 Arduino 的建筑温湿度感知程序，在需求分析中对系统输出的需求，仅仅要求"系统通过串口向上位 PC 机发送采集到的全部数据，上位 PC 机可以使用串口调试助手观察到"，而没有考虑将"系统通过网络将数据发送给网络上的接收程序"这个物联网应用都应具有的接入需求。为了完善基于物联网技术的建筑温湿度系统，对"基于 Arduino 的建筑温湿度感知程序"，将第 2 章需求分析 b 部分的需求（5）"系统通过串口向上位 PC 机发送采集到的全部数据，上位 PC 机可以使用串口调试助手观察到"变更为新的需求（5）和需求（6），见下文所示。

（5）要求系统通过 WiFi 接入局域网；

（6）系统以无线的方式向上位 PC 机发送采集到的全部数据，上位 PC 机可以使用网络调试助手工具软件观察到系统发送到上位机的全部数据。

关于需求（5），根据 Arduino UNO R3 开发板可用的端口情况，建议在 Arduino UNO R3 开发板中使用 WIFI 串口通信模块 ESP8266，Arduino UNO R3 与 ESP8266 以串口通信的方式进行交互，而 ESP8266 模块使用 WiFi 协议无线接入局域网。此时，要求局域网中安装有无线 AP 以支持 ESP8266 的接入。

关于需求（6），在 ESP8266 以无线的方式接入局域网后，将 ESP8266 设置成客户端，采用套接字通信机制，向位于局域网中作为上位机中的服务器端发送数据；上位机中的服务器端为设置成 TCP Server 模式的网络调试助手工具软件。

3.2.2　ESP8266 介绍

ESP8266 系列模组是安信可（Ai-thinker）公司采用乐鑫（Espressif）ESP8266 芯片开发的一系列 WiFi 模组模块，以下以 ESP8266 ESP-01S 开发板为例介绍 ESP8266 的特性。ESP8266 是一款串口转无线模芯片，内部自带固件，该无线通信模块具有很强的抗干扰能力，灵敏度高，体积小，透明传输，功耗低，传输距离远的特点，客户使用时不需要编写复杂的传输与设置程序。ESP8266 ESP-01S 开发板外观与引脚如图 3-20 所示，引脚的说明在表 3-3 中给出。

图 3-20　ESP8266 ESP-01S 开发板实物图

ESP8266 ESP-01S 开发板引脚　　　　　　　　　　　　　　表 3-3

引脚号	引脚名称	说明
①	TX	串口写
②	GND	接地
③	CH_PD	高电平为可用，低电平为关机
④	GPIO2	可悬空
⑤	RST	重置，可悬空
⑥	GPIO0	上拉为工作模式，下拉为下载模式，可悬空
⑦	VCC	3.3V（切不可接 5V，烧片）
⑧	RX	串口读

ESP8266 支持 STA 模式、AP 模式、STA＋AP 模式三种工作模式。

1. STA 模式

STA 模式是 Station 模式的缩写，又叫作站点工作模式，这种模式下，ESP8266 作为客户端，通过路由器/AP 连接外部的局域网/互联网，移动设备或计算机通过外部的局域网/互联网对设备进行远程监控。建议采用 STA 模式工作的 ESP8266 以 DHCP Client 的方式获取 IP 地址。

2. AP 模式

AP 就是 Access Point（接入点）的缩写。当 ESP 8266 在 AP 模式工作下，ESP8266 模块作为热点，移动设备或计算机或其他设备可以使用 WiFi 协议，以无线方式接入组成一个局域网。在这个以 ESP8266 为 AP 点的局域网中，ESP8266 的默认 IP 地址为192.168.4.1（可修改），网络掩码为 255.255.255.0。

3. STA＋AP 模式

这种模式下，ESP8266 在 STA 模式和 AP 模式两种模式下工作。作为 AP 点的 ESP8266 可以为外部设备提供 WiFi 接入，而同时作为 Station 的 ESP8266 也可以通过外部 AP 点/路由器接入外部的局域网/互联网，这样使得物联网的感知与控制过程更方便地进行。

3.2.3　硬件平台设计

与上一章实现的"基于 Arduino 的建筑温湿度感知程序"不同，这里实现的具有网络接入功能的"基于 Arduino 的建筑温湿度感知程序"增加了一块 ESP8266 SP-01S 开发板，用于实现系统硬件平台接入外部网络。ESP8266 SP-01S 开发板提供了 8 个引脚，如表 3-3 所示，这些引脚既可以用于 ESP8266 SP-01S 开发板的调试，也可以用于外部应用实现时硬件平台的实现。

具有网络接入功能的"基于 Arduino 的建筑温湿度感知程序"需要将 Arduino UNO R3 开发板与 ESP8266 SP-01S 开发板连接，两块开发板连接时，引脚连接对应关系在表 3-4 中给出。

连接 ESP8266 ESP-01S 与 Arduino UNO R3　　　　　　　　　　表 3-4

ESP8266 SP-01S	Arduino UNO R3
GND	GND
VCC	3.3V
TX	RX
RX	TX
CH _ PD	3.3V

如果用户的手机支持热点功能，则可以在将 Arduino UNO R3 开发板与 ESP8266 SP-01S 开发板参照表 3-4 连接完成后，通过下面的步骤验证 ESP8266 SP-01S 开发板是否进入 STA 模式工作。

1）在 Arduino IDE 中创建一个新的项目，代码如下：

const int tx = 1；

const int rx = 0；

void setup() { // put your setup code here，to run once：

pinMode(rx,INPUT_PULLUP)；

pinMode(tx,INPUT_PULLUP)；

}

void loop() { // put your main code here，to run repeatedly：

}

2）将上述项目编译后上传到 Arduino UNO R3 开发板；

3）为手机热点设定合适的名称与密码，打开手机热点；

4）在与 Arduino UNO R3 开发板连接的计算机上运行串口调试助手工具软件，选定正确的串口，将串口参数设定为：9600 波特率、数据位 8、停止位 1、检验位 None；

5）打开串口，在串口调试助手工具软件的发送区依次输入测试 AT 指令，如表 3-5 所示。要求在输入下一条 AT 指令时，上一条 AT 指令需要被正确执行。表 3-5 中，ssid 是手机热点的名称，而 password 是手机热点的接入密码；

测试用 AT 指令[1]　　　　　　　　　　表 3-5

指令	含义
AT[2]	测试指令
ATE0	关闭回显功能
AT+CWMODE=1	设为 Station 模式
AT+CWJAP="ssid","password"	加入自己的 WiFi 名称和密码

续表

指令	含义
AT+CWAUTOCONN=1	设置开机自动连入 WiFi
AT+CIPMUX=1	设置单连接
AT+RST	重启模块，如果能获取到 IP 则证明设置完成

1. 指令 AT+UART=9600，8，1，0，0 将测试 AT 指令时串口的传输速率设定为 9600 波特率。也可以将 9600 改为 115200，表示将串口调试速率设定为 115200 波特率。
2. AT 指令中不能有多余的空格，以回车符和换行符为结尾。

6）若 Arduino UNO R3 开发板与 ESP8266 SP-01S 开发板连接正确且工作状态正常，则在手机的热点连接设备界面里发现新接入的 ESP 设备，这意味着此时 ESP8266 成功连接手机热点，进入 Station 工作模式。

在确定 ESP8266 SP-01S 开发板工作状态正常后测试，即可按照图 3-21 所示的电路原理图完成 DHT11 温湿度传感器、Arduino UNO R3 开发板与 ESP8266 ESP-01S 开发板的完整连接系统电路。具体操作如下：

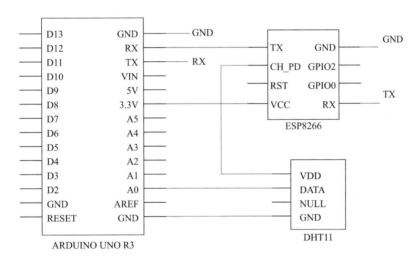

图 3-21　建筑温湿度感知系统的连接示意

1）DHT11 温湿度传感器的 VDD 引脚连接 Arduino 的 3.3V 引脚；

2）DHT11 温湿度传感器的 Data 引脚连接 A0 引脚；

3）DHT11 温湿度传感器的 GND 引脚连接 GND；

4）DHT11 温湿度传感器的 NULL 引脚悬空；

5）ESP8266 的 TX 引脚连接 Arduino 的 RX 引脚；

6）ESP8266 的 RX 引脚连接 Arduino 的 TX 引脚；

7）ESP8266 的 CH _ PD 引脚连接 Arduino 的 3.3V 引脚；

8）ESP8266 的 VCC 连接 Arduino 的 3.3V 引脚；

9）ESP8266 的 GND 连接 Arduino 的 GND。

连接时，ArduinoUNO R3 开发板上的 3.3V 引脚不够，可以将 3.3V 的引脚使用杜邦线延伸到面包板上，使用面包板辅助完成电路的连接。

3.2.4 软件设计

与第 2 章实现的"基于 Arduino 的建筑温湿度感知程序"不同，这里实现的具有网络接入功能的"基于 Arduino 的建筑温湿度感知程序"增加了基于 ESP8266 SP-01S 开发板的网络接入，相应地也将需求"系统通过串口向上位 PC 机发送采集到的全部数据，上位 PC 机可以使用串口调试助手观察到"变更为"要求系统通过 WiFi 接入局域网；系统以无线的方式向上位 PC 机发送采集到的全部数据，上位 PC 机可以使用网络调试助手工具软件观察到系统发送到上位机的全部数据"，因此，需要对上一章"数据采集程序概要设计"给出的"基于 Arduino 的建筑温湿度感知程序"概要设计进行迭代。需要重新定义与说明的有初始化模块（setup）和数据上传模块（dataUpload）。具体地，这两个模块的重新定义和说明如下（以下序号为 2.2.3 中相应序号）：

1）初始化模块（setup）

该模块是使用 Arduino IDE 开发程序时使用程序架构的默认模块之一。在该模块，需要对所使用全局变量初始值、串口传输速率、数据采集使用引脚编号、引脚工作模式、温湿度传感器初始状态进行设定，还需要对使用 ESP8266 让硬件平台接入外部网络所使用的本地 MAC 地址、服务器端 IP 地址、服务器端端口号、接入 AP 点的 SSID 以及接入 AP 点的密码进行初始赋值，并设定 ESP8266 的工作模式为 STA 模式（斜体部分为新增需求）。

2）数据上传模块（dataUpload）

该模块负责将数据处理模块打包并标记上传的数据，添加上 ESP8266 的 MAC 地址后，采用套接字通信机制，通过 WiFi 向位于局域网中作为上位机中的服务器端发送数据。

在概要设计中更新了上述两个模块的定义和说明后，需要对每个模块的流程以及详细说明进行再设计。具体如下。

1）初始化模块 setup()

温湿度数据采集程序使用全局变量实现不同模块的数据交换与通信。所使用的全局变量有 dht_dpin（int 型，取值为 DHT11 温湿度传感器连接 Arduion 开发板上的引脚号，本书中，该引脚为 A0）、count（int 型，数据采集次数计数器，初始值为 0）、dht_dat（byte 型数组，大小为 5，用于暂存从 DHT11 温湿度传感器读取到的温度、湿度数据）、bGlobalErr（byte 型，用于标记从 DHT11 温湿度传感器读取到的温度、湿度数据时是否出错）、uploadFlag（byte 型，用于标记是否有新的待上传数据生成）、_baudrate（int 型，串口通信波特率，默认值为 9600）、MacAddress（String 型，ESP8266 的 Mac 地址）、serverIP（String 型，ESP8266 连接服务器端的 IP 地址）、serverPORT（String 型，ESP8266 连接服务器端套接字的端口号）、wifiSSID（String 型，ESP8266 接入 AP 点的 SSID）、wifiPASS（String 型，ESP8266 接入 AP 的密码）以及分割上传数据的字符串 GET（String 型，调试信息分割，默认值为" "）、separatorChar（String 型，上传信息分割，默认值为","）。

所有全局变量的赋初始值的操作在 setup() 内完成。setup() 除了执行全部全局变量赋初始值的操作外，还要对串口的传输速率，DHT11 的初始状态，ESP8266 的 MAC 地址，ESP8266 接入 AP 点的 SSID、密码、接收数据服务器的 IP 地址，接收数据服务器的套接字端口号进行设定。串口的传输速率需要被设置为 9600 波特率，而 Arduino 的 dht _ dpin（＝A0）引脚需要被设置为高电平。其他网络接入、数据传输参数需要依据实际现场情况确定。图 3-22 给出了初始化模块 setup（）的详细流程。图 3-23 给出的 setup（）流程中，全局变量 bGlobalErr 被初始赋值为 1，表示无数据需要处理；而 uploadFlag 被初始赋值为 1，表示无数据需要上传。由于网络接入、数据传输参数需要依据实际现场情况确定，实际部署时，需要根据实际现场情况对代码进行重新编译后再上传到 Arduino UNO R3 开发板。

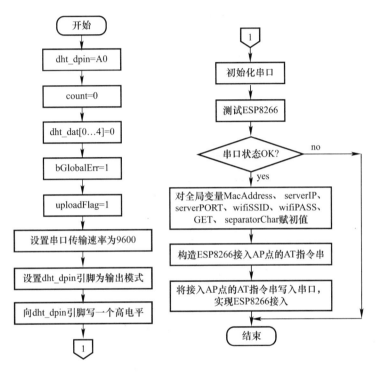

图 3-22　初始化模块流程

2）数据上传模块（dataUpload）

约定需要上传数据的格式为"上传次数计数，温度值，湿度值，ESP8266 的 MAC 地址"，组成上传数据的各数据之间用"，"（半角字符，非全角字符）分隔。dataProcess 模块将 dataCollect 模块成功采集的数据按照"上传次数计数，温度值，湿度值"格式进行了打包，并设置上传标记值为 0，用于通知数据上传模块 dataUpload 有数据需要上传。dataUpload 模块在进行数据上传操作时，依次执行：

（1）检查上传标记，若上传标记取值不为 0，则直接返回上级调用模块；

（2）以服务器 IP 地址、端口号为参数创建 TCP 客户端套接字；

（3）若创建套接字失败，则直接返回上级调用模块；

（4）将 ESP8266 的 MAC 地址追加到上传数据中；

（5）将上传数据通过套接字发送到服务器端；

（6）关闭套接字；

（7）设置上传标记值为 1；

依据上述操作顺序设定，图 3-23 给出了更新后的数据上传模块流程。程序编码时需要特别注意的是，依据图 3-23 所示的数据上传模块流程，TCP 套接字创建不成功时，不需要执行反复创建 TCP 套接字操作，这主要是考虑到 Arduino UNO R3 开发板使用微处理器 ATmega328P 的计算性能有限，如果反复纠结于成功创建 TCP 套接字，会影响其他任务的执行。在不影响其他任务执行的前提下，TCP 套接字创建不成功时可以重试若干次，以增加程序的鲁棒性。

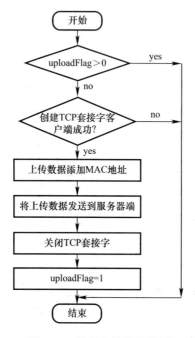

图 3-23　数据上传模块流程

3.3　区域数据汇聚程序设计

具有网络接入功能的"基于 Arduino 的建筑温湿度感知程序"将采集到的数据按照"上传次数计数，温度值，湿度值，ESP8266 的 MAC 地址"发送到位于网络运行区域数据汇聚程序的服务器上，数据的接收由区域数据汇聚程序完成，区域数据汇聚程序在将数据进行处理后再把合适的数据存储到指定的数据库服务器中。这种数据接收、存储方案的设计，主要是考虑到：

1）基于 Arduino 的建筑温湿度感知程序是一款基于 Arduino UNO R3 开发板的建筑温湿度信息感知程序。Arduino UNO R3 开发板不具备对数据库的直接操作能力。

2）在一套基于 Arduino 的建筑温湿度感知程序的物联网应用中，可能部署多个运行建筑温湿度感知程序的 Arduino UNO R3 开发板。虽然可以为每一个 Arduino UNO R3 开发板设置在网络的某个服务器端执行一个数据接收进程，但是这种方案不仅会耗用服务器有限的端口资源，而且对运行于 Arduino UNO R3 开发板中的建筑温湿度感知程序，需要在源程序中修改端口号后重新编译、上传，且一个端口号与一个 Arduino

UNO R3 开发板对应，这种操作不仅会产生极大的不方便性，而且后期的运维也极端困难。

3）由于建筑环境中，温度、湿度数据的采集一般不需要频繁进行，且一次需要进行上传操作的数据量有限，这也就意味着每一个 Arduino UNO R3 开发板发送的建筑环境温湿度数据具有数据量小、发送不频繁的特点。在一套基于 Arduino 的建筑温湿度感知程序的物联网应用中，可能部署多个运行建筑温湿度感知程序的 Arduino UNO R3 开发板。如果为每一个 Arduino UNO R3 开发板在网络的某个服务器端设置执行一个数据接收进程，这会对数据库服务器的网络接入能力造成浪费。

考虑以上因素，在一套基于 Arduino 的建筑温湿度感知程序的物联网应用中，需要设计并实现一款区域数据汇聚程序，对基于 Arduino 的建筑温湿度感知程序而言，该程序以 TCP 套接字的服务器端的方式运行，负责接收并检查同一区域内多套基于 Arduino 的建筑温湿度感知程序发送过来的数据，同时，该程序还可以在为每条接收到的数据添加一个接收时间字段后将这条数据保存到指定的数据库服务器中。

3.3.1　需求分析

建筑温湿度感知程序运行在正确连接了 DHT11 温湿度传感器和 ESP8266 ESP-01S 开发板的 Arduino UNO R3 开发板中，全部硬件平台和软件程序构成了一个适用于在线采集建筑环境中温度、湿度信息的装置，以下简称该系统为建筑环境温湿度采集装置。相对于建筑环境温湿度采集装置，以 TCP 套接字客户端模式运行，区域数据汇聚程序以 TCP 套接字服务器端模式运行。区域汇聚程序需要作为一个为实现建筑环境温湿度数据接入与汇聚功能的系统，需要实现的功能主要有：

（1）系统需要提供用户可控的启动和停止，以及运行过程中的停止和帮助控制功能；

（2）多个建筑环境温湿度采集装置定时发送数据给服务端的固定端口；

（3）服务端监听该固定端口，接收数据；

（4）服务端和温湿度采集装置采用 TCP 套接字机制通信，系统要提供套接字信息；

（5）服务端将接收到的建筑环境温湿度采集装置定时发送的数据进行保存；

（6）服务端定时启动存储进程，将保存的建筑环境温湿度采集装置数据批量存储到数据库中；

（7）支持服务端部署在不同计算机系统；

（8）使用 JAVA 语言进行编程；

（9）系统的运行只依赖 JAVA 运行时库，而不依赖特定操作系统与体系结构。

本区域数据汇聚程序需要完成对众多建筑环境温湿度采集装置生产数据的采集。实现的功能主要包括：

（1）用户过程控制：用户可以通过键盘的输入来控制软件的启停；

（2）指定端口侦听：通过参数设置指定某个端口，接收该端口上收到的数据；

（3）处理建筑环境温湿度采集装置的连接请求：服务器接收多建筑环境温湿度采集装置通过无线网络的连接请求；

（4）套接字信息获取：需要获取到每个建筑环境温湿度采集装置的连接信息并报告给服务端；

（5）处理接收到的数据：数据接收后进行数据格式标准化处理；

（6）保存处理后的数据：通过参数设置完成目标数据库配置、目标数据库自动连接，实现将处理后的标准数据循环批量写入数据库，使数据最终汇总到服务侧的数据库，实现生产数据的持久化；

（7）多个建筑环境温湿度采集装置定时发送数据给服务端的固定端口；

（8）服务端监听该固定端口，接收数据；

（9）服务端和温湿度采集装置采用 TCP 套接字机制通信，系统要提供套接字信息；

（10）服务端将接收到的建筑环境温湿度采集装置定时发送的数据进行保存；

（11）服务端定时启动存储进程，将保存的建筑环境温湿度采集装置数据批量存储到数据库中；

（12）支持服务端部署在不同计算机系统；

（13）使用 JAVA 语言进行编程；

（14）系统的运行只依赖 JAVA 运行时库，而不依赖特定操作系统与体系结构。

由于区域数据汇聚程序作为建筑环境温湿度采集装置的数据采集与汇聚软件需要运行在不同架构的计算机系统，因此区域数据汇聚程序需要具有较好的移植性，据此，区域数据汇聚程序使用 JAVA 语言编写，使用 JAVA 虚拟机来回避不同架构计算机系统对程序编写的特性要求；同时，为了使得程序具有良好的可读性，需要对全部代码进行详实注释。

3.3.2 概要设计

依据需求分析中对区域数据汇聚程序功能上的要求，区域数据汇聚程序需要实现的功能有控制台、参数设置、监听、转储四种。

（1）控制台功能：接收键盘指令，根据键盘指令主动控制软件运行。

（2）参数设置功能：数据库连接参数，套接字参数。

（3）监听功能：监听发往服务端端口的数据，并将接收到的数据进行格式处理后存放到线程内部创建的缓冲区中。

（4）转储功能：定时将数据从内部缓存中取出，批量转储到数据库表。

1. 控制台功能

控制台实现数据采集器软件的人机交互。通过控制台，用户输入1：数据采集器的数据监听与转储功能被启动；输入0：数据采集器的数据监听与转储功能被停止；输入2：控制台回显各控制指令的帮助信息。

2. 参数设置功能

参数设置功能用来实现监听数据时 IP 地址以及端口的指定、转储数据时数据库连接的信息指定，包括数据库的类型、地址、端口、账号、密码等。监听数据时最大的监听个数如果需要指定，也必须在这里设置；同时，转储功能执行的周期 T 也在这里指定。

3. 监听功能

监听功能由两部分构成：首先是根据指定的监听 IP 和端口启动监听管理；其次是监听管理，对每一个接入的建筑环境温湿度采集装置建立一个新的监听会话；每一个监听会话处理一个建筑环境温湿度采集装置的数据收发，并将接收到的数据保存到内存指定的缓冲区中。

4. 转储功能

转储功能周期性地把监听功能保存在指定缓冲区里的监听数据一次性地保存到指定的数据库中，周期为 T。在本版次实现中，数据库为 MS SQL Server 2014，监听功能每 10s 执行一次。

依据需求分析中对区域数据汇聚程序功能上的要求以及上述功能分析中对区域数据汇聚程序功能的细化，区域数据汇聚程序可以划分为主控模块（pluginListener）、参数设置模块（paramSet）、监听控制模块（socketControl）、端口监听会话模块（listenPort-Thread）、数据转储模块（dataSaveThread）5 个模块，具体如图 3-24 所示。图 3-24 中，不同模块之间用实线连接时表示模块之间有调用关系，箭头指示的模块被调用，而虚线连接的模块表示模块之间存在数据耦合。

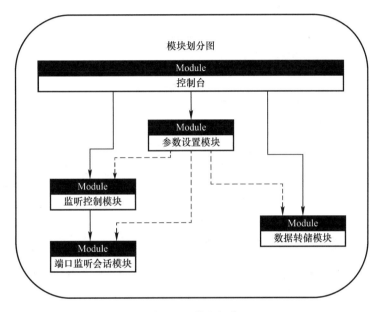

图 3-24　模块划分

在依据区域数据汇聚程序的功能设计区域数据汇聚程序的组成模块时，模块划分的原则主要依据如下：

1）模块独立性最大原则：首先要求模块的内聚性最大，其次要求模块之间的耦合性最弱。

2）模块的大小适中。

3）尽可能地把与硬件有关的部分集中到几个甚至一个模块内。

4）建立公用的模块，减少冗余的模块和代码。

具体在区域数据汇聚程序的组成模块划分时，考虑的因素包括：①主控流程中设置了参数设置模块、监听控制模块、端口监听会话模块、数据转储模块之间的逻辑关系；②参数设置模块设置监听控制模块、端口监听会话模块、数据转储模块需要的参数，这些参数统一设置，以方便配置和软件移植；③监听控制模块和端口监听会话模块对应到数据采集器软件的监听功能。

监听控制模块独立设置出来，以提供套接字的其他功能调用接口。通过模块的划分，能够将复杂多客户端请求服务问题分块简化，客户的需求也将分模块地逐个得到满足；并且可以将程序模块进行独立的编码和测试，更灵活方便地对工作进行组织和安排，对关键的模块进行特殊的优化处理，以保证整个系统达到特定的要求。另外，一个模块可多次使用（例如监听控制模块，端口监听会话模块和数据的转储模块），提高了代码乃至整个产品的利用率，可以大大缩短软件开发的周期。

3.3.3 详细设计

对区域数据汇聚程序的五个组成模块，概要设计明确了各个模块需要完成的任务以及彼此之间的控制耦合和数据耦合关系。为完成区域数据汇聚程序的设计，需要对每个模块给出详细的定义，并对相关的操作流程进行细致的规定。由于区域数据汇聚程序使用 JAVA 语言实现，因此，区域数据汇聚程序的详细设计主要涉及类、属性、方法的定义。考虑到存在读者不熟悉面向对象的编程（OOP）的概念，本书中，仍然把类当作实现模块的数据结构处理，类的实行在不混淆的前提下称作是变量，而方法在不混淆的前提下称作是函数。

1）控制台模块（pluginListener）

控制台模块使用的变量　　　　　　　　　　　　　　　　　表 3-6

变量名称	类型	注释	备注
semp	Semaphore	临界区互斥访问信号量	
choiceNumber	int	用户所输入的值	1：启动 0：停止
runFlag	boolean	运行标识符默认为 true	用于监听控制模块启停以及数据转储模块的启停
listenPortThread	Thread	端口监听会话使用	构造函数传参为 socket
dataSaveThread	Thread	数据转储模块使用	
CollectorIP	String	数据采集器的 IP 地址	也可通过参数设置指定

控制台模块通过用户输入控制的数字来控制监听控制模块和数据转储模块的启动或停止。表 3-6 给出了本模块需要使用的变量。

控制台模块在实现时被定义为一个名称 pluginListener 的类，以表 3-6 中的变量为属性，pluginListener 类的主要函数（方法）如下。

（1）main()：pluginListener 类中的程序主函数

通过用户的输入，控制运行标志位以及数据存储线程的启停，并调用参数设置类的 server 方法和监听控制类的 server 方法实现全流程的控制。图 3-25 描述了 main() 函数的工作流程，详细实现可参阅附录代码中的 pluginListener 类的入口函数 main()。

（2）getLocalIp()：IP 地址获取方法 private static String getLocalIp()

调用格式：CollectorIP= getLocalIp()；

IP 地址获取方法分别对两种操作系统 windows 和 linux 进行 IP 地址获取并返回字符型的 IP 地址。如果取不到所需的 IP，则函数返回 NULL。详细实现可参阅附录代码中的 pluginListener 类的函数 getLocalIp()。

2）参数设置模块（paramSet）

参数设置模块负责设置区域数据汇聚程序需要用的配置参数，包括采集器公共参数，数据库配置参数；这些参数在监听控制模块、端口监听会话模块、数据转储模块都需要用到。表 3-7 给出了本模块需要使用的变量。

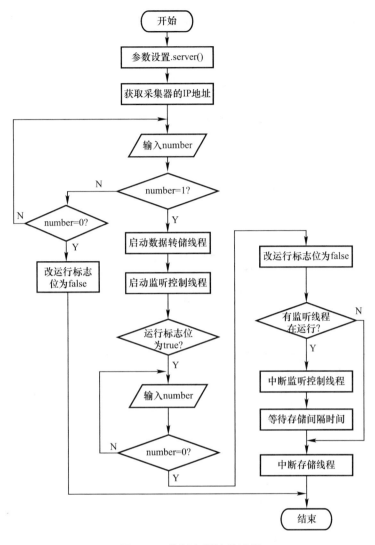

图 3-25　控制台模块的流程

参数设置模块使用的变量　　　　　　　　　　　　　　　　　表 3-7

变量名称	类型	注释	备注
CollectorIP	String	IP 地址	运行区域数据汇聚程序机器的 IP 地址
port	String	监听端口	运行区域数据汇聚程序机器允许使用的端口，默认端口号为 5006
DBType	String	数据库类型	
DBdriverName	String	数据库驱动名	
DBAddress	String	数据库地址	
DBPort	String	数据端口	1443
userName	String	数据库用户账号	sa
userPwd	String	数据库用户密码	
DatabaseName	String	数据库名称	
T	Int	转储时间周期	单位：s
POOL _ SIZE	Int	控制线程最大并发数	超出的线程在队列中等待

参数设置模块在实现时被定义为一个名称 paramSet 的类，以表 3-6 中的变量为属性，pluginListener 类的函数（方法）server（）描述如下，详细实现可参阅附录代码中的 paramSet 类的函数 server（）。

paramSet.server（）：参数设置类的 server 方法：

调用格式：paramSet.server（）；

参数设置类的 server 方法完成表 3-7 中参数的赋值。实际部署时，需要根据部署的实际情况确定 CollectorIP、port、userName、userPwd、DatabaseName 等变量（属性）的取值。

3）监听控制模块（socketControl）

监听控制模块使用系统运行标志位控制建筑环境温湿度采集装置和区域数据汇聚程序之间的会话创建和关闭信息，并调用端口监听会话模块的数据处理方法。表 3-8 给出了本模块需要使用的变量。

参数设置模块使用的变量 表 3-8

变量名称	类型	注释	备注
port	String	采集器监听端口	参数设置：port
Backlog	Int	允许的客户端连接数	参数设置：POOL _ SIZE
bindAddr	String	数据采集器的地址	参数设置：CollectorIP

监听控制模块在实现时被定义为一个名称 socketControl 的类，以表 3-8 中的变量为属性，socketControl 类的函数（方法）run（）描述如下。run（）具体流程详见图 3-26，详细实现可参阅附录代码中的 socketControl 的类的函数 run（）。

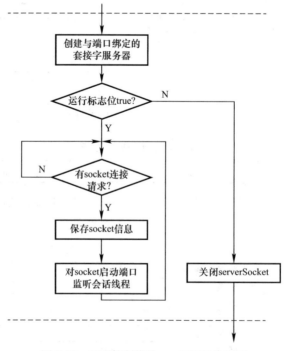

图 3-26 监听控制模块 run（）函数的流程

socketControl. run：监听控制线程类的 run 方法

调用格式：defendThread = new Thread (new socketControl());

defendThread. setDaemon (true);

defendThread. start();

实现创建端口监听服务，接收连接请求，并根据创建的 socket 实例来启动 listenPort-Thread 子线程。

4）端口监听会话模块（listenPortThread）

端口监听会话是一个线程，针对每个建筑环境温湿度采集装置，调用一次该线程处理，从建筑环境温湿度采集装置指定端口接收到的数据信息，进行格式转化，以及信息格式的标准化处理；处理后的标准数据写入预先定义的缓冲区内存中。表 3-9 给出了本模块需要使用的变量。

端口监听会话模块使用的变量　　　　　　　　　　　　　　　　　　表 3-9

变量名称	类型	注释	备注
publicList	ArrayList＜String＞	Public static 数组	保存处理后的建筑环境温湿度采集装置数据信息
stringbuilder	StringBuilder	缓冲区	接收建筑环境温湿度采集装置发送的数据
line	String	从缓冲区中取出的字符串	

端口监听会话模块在实现时被定义为一个名称 listenPortThread 的类，以表 3-9 中的变量为属性，listenPortThread 类的函数（方法）描述如下，详细实现可参阅附录代码中的 listenPortThread 类的函数。

（1）listenPortThread. run()：端口监听会话线程体

调用格式：new Thread(new listenPortThread(socket)) . start;

实现调用类内部 server 方法并监控异常，用于创建 listenPortThread 类时预定义动作的执行。详细可参见附录代码中 listenPortThread 类实现部分的 run()方法。

（2）listenPortThread. server(socket)：智能插座数据处理方法

调用格式：server(socket)；

方法是根据监听控制类中 accept()的 socket 实例，利用 I/O 流与客户端进行通信，创建缓冲区，获取智能插座发送的数据并保存在公共 list 中，当通信完成后主动关闭 socket 释放资源。图 3-27 描述了本模块的数据处理流程，详细可参阅附录代码中 listen-PortThread 类实现部分的 server()方法。

5）数据转储模块（data SaveThread）

数据转储模块将端口监听会话线程监听后保存的数据转存到指定的 SQLServer 数据库中，根据参数设置的时间周期执行存储操作。若用户在中途输入 0 停止程序，则该存储操作应该立即再执行一次，将缓冲区的内容存入数据库，以防止数据的丢失，表 3-10 给出了本模块需要使用的变量。

数据转储模块在实现时被定义为一个名称 dataSaveThread 的类，以表 3-10 中的变量为属性 dataSaveThread 类的函数（方法）描述如下，详细实现可参阅附录代码中的 dataSavcThread 类的函数。

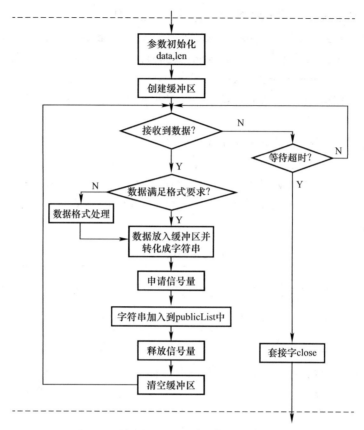

图 3-27　端口监听会话模块数据处理的流程

数据转储模块使用的变量　　　　　　　　　　　　　　表 3-10

变量名称	类型	注释	备注
sql	String	将数据写入到 SQLServer 的执行语句	
List	ArrayList	数据转储线程的内部 list	保存 copy 公共 list 中的数据
count	int	记录写入数据库的条数	
line _ record	String	解析出来的某一条数据内容	
timeCurrent	String	记录生成数据库数据的时间	

（1）forImage()：publicList 数据 copy 方法

调用格式：list＝forImage();

方法是把公共 publicList 的内容 copy 到类内部定义的 list 中，并清空 publicList。详细可参见附录代码中 dataSaveThread 类实现部分的 forImage 方法。

（2）loadData（ArrayList＜String＞ list）：数据存储方法

调用格式：loadData(list);

把类内部定义的 list 里的数据批量存入数据库表。图 3-28 描述了本模块的数据处理流程，详细可参阅附录代码中 dataSaveThread 类实现部分的 loadData 方法。

（3）DBConnection()：数据库连接方法

调用格式：Connection con＝DBConnection();

根据参数控制里设置的数据库驱动名，数据库 IP 地址端口，用户名，密码连接数据库。详细可参阅附录代码中 dataSaveThread 类实现部分的 DBConnection 方法。

（4）tranStr（String oldstr）：数据格式转换方法

调用格式：tranStr（string）；

防止乱码，写入数据库的 String 先用 ISO-8859-1 还原，再重新用 GKB 生成 String。详细可参阅附录代码中 dataSaveThread 类实现部分的 tranStr 方法。

3.3.4　附录代码

依照软件设计说明文档中的模块设计，这里给出了每个模块的编码。每个模块的编码都进行了详细注释。

（1）控制台模块源代码

```
package server. ibuilding. ahjzu. edu. cn;
import java. net. Inet4Address;
import java. net. InetAddress;
import java. net. NetworkInterface;
import java. net. SocketException;
import java. net. UnknownHostException;
import java. util. Enumeration;
import java. util. Scanner;
import java. util. concurrent. Semaphore;
public class pluginListener {
    final static Semaphore semp = new
Semaphore(1);//临界区互斥访问信号量(二进制
信号量),相当于互斥锁
    static boolean runFlag = true;//标识符
    static Thread defendThread;//守护线程
    static Thread userThread; //用户线程
    static String collectorIp;//客户端 IP 地址

    public static void main(String[] args) throws Exception {
        int choiceNumber;
        Scanner scanner; //定义键盘输入值
        collectorIp = getLocalIp();
        //调用 getLocalIp()方法得到当前采集器的 IP 地址
        paramSet. server();//所需参数赋值
        System. out. println("Command List:\n\t0:stop\n\t1:start");
```

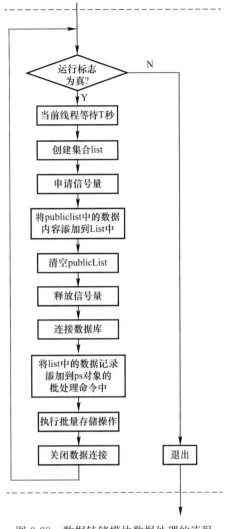

图 3-28　数据转储模块数据处理的流程

```
//退出与启动界面设计
System.out.print("Please input your choice here: ");
scanner = new Scanner(System.in);//接受从键盘输入的数值
choiceNumber = scanner.nextInt();//接受一个整数的输入参数
if (choiceNumber == 0){//当为0的时候变更标识符并退出
    runFlag = false;
    System.out.println("服务器已关闭!");
}

if (choiceNumber == 1){//当为1的时候启动线程
    userThread = new Thread(new dataSaveThread());
    userThread.start();//启动DataSaveThread线程
    System.out.println("collectIp:"+collectorIp);
    System.out.println("服务器已启动!! 请打开客户端!");
    defendThread = new Thread(new socketControl());
    defendThread.setDaemon(true);//设置socketControl为守护线程
    defendThread.start();//启动socketControl线程
}
while (runFlag){
    System.out.println("Command List:\n\t0:stop\n\t2:help");
    //退出与帮助界面设计
    System.out.print("Please input your choice here: ");
    choiceNumber = scanner.nextInt();//输入选项
    if (choiceNumber == 0){
    //当为0的时候,变更标识符并终端守护线程,最终退出
        runFlag = false;
        if (defendThread.isAlive()){ //如果守护线程还在运行那就终止它
            defendThread.interrupt();
        //interrupt守护线程,即停止监听控制主线程
        }
        System.out.println("服务器正在关闭...");
        userThread.join();
        //数据存储线程完成run里面的方法后,再执行下面的终止
        userThread.interrupt();//停止数据存储线程
        System.out.println("服务器已关闭!");
    }
    if (choiceNumber == 2){//当为2的时候,给出帮助
        System.out.println("Please enter 0 to exit");
    }
}
```

```
        scanner. close();
    }


    /**
        获取采集器的 IPV4 对应的 IP 地址,先进行操作系统的类型判断,保证在 win-
dows 和 linux 下都可以得到正确的 IP 地址
        @return
        @throws SocketException
        @throws UnknownHostException
    */
    private static String getLocalIp() throws SocketException, UnknownHostException {
        Enumeration<NetworkInterface> netInterfaces =
    NetworkInterface. getNetworkInterfaces();
        InetAddress ip = null;
        String needIp = "";
        String os = System. getProperty("os. name"); //获取操作系统的属性
        if (os. toLowerCase(). startsWith("win")) { //如果是 window 系统
            ip = InetAddress. getLocalHost(); //实例化对象
            String localip = ip. getHostAddress(); //获取本 IP 地址
            return localip;
        } else {//如果是 linux 系统
                while (netInterfaces. hasMoreElements()) {
                        NetworkInterface ni = (NetworkInterface) netInterfaces. nextElement();
                        Enumeration<InetAddress> ips = ni. getInetAddresses();
                        while (ips. hasMoreElements() && ni. getName(). contains("wlan0")) {
                                //如果 ips 还没有遍历完,并且 ni 的 name 中包含有 wlan0
                                ip = ips. nextElement();//把当前的 ips 取给 ip
                                if (ip. isSiteLocalAddress() && ! ip. isLoopbackAddress
()) {
                                                //如果是 IPV4 的地址
                                                System. out. println("ni. getName():" +
ni. getName());

                                                System. out. println("ip. getHostAddress
():" + ip. g- etHostAddress());

                                                needIp = ip. getHostAddress();//取
出 IPV4 的地址给输出返回值
                                }
                        }
                        if (ip ! = null && ip instanceof Inet4Address &&
```

```
ip. getHostAddress(). indexOf(". ")! = -1) {
//异常情况处理,确保获取符合条件的 ip
        } else {
            ip = null;
        }
    }
    return needIp;
} // endelse
}
}
```

（2）参数设置模块源代码

```
package server. ibuilding. ahjzu. edu. cn;
public class paramSet {
    public static String CollectorIPS;
    public static int port;
    public static int T;
    public static String DBType;
    public static String DBdriverName;
    public static String DBAddress;
    public static String DBPort;
    public static String userName;
    public static String userPwd;
    public static String DatabaseName;

    public static String POOL_SIZE;
    public static void server() {
        CollectorIPS = "";
        port = 5006;
        T = 10; //单位 s,在存储线程中使用 T * 100
        DBType = "jdbc:sqlserver";
        DBdriverName = "com. microsoft. sqlserver. jdbc. SQLServerDriver";
        DBAddress = "192. 168. 2. 190";
        DBPort = "1433";
        userName = "sa";
        userPwd = "666666";
        DatabaseName = "shuihu";
    }
}
```

（3）监听控制模块源代码

```java
package server. ibuilding. ahjzu. edu. cn;
import java. net. ServerSocket;
import java. net. Socket;

public class socketControl implements Runnable  {
    private static ServerSocket serverSocket;
    public void run() {
        try {
        serverSocket = new ServerSocket(paramSet. port);
        //创建一个与端口绑定的服务器
        while (pluginListener. runFlag) {
            Socket socket = null;
            socket = serverSocket. accept(); //连接请求
            new Thread(new listenPortThread(socket)). start();
            //根据收到的 socket 连接启动一个新的会话子线程
        }
        serverSocket. close(); //serverSocket 关闭,释放资源
        } catch (Exception e) {
            e. printStackTrace();
        }
    }
}
```

（4）端口监听数据处理模块源代码

```java
/**
    监听端口,并获取端口接收到的数据,把收到的数据信息进行格式处理,保存在 publicList 中
*/
package server. ibuilding. ahjzu. edu. cn;
import java. io. IOException;
import java. net. Socket;
import java. util. ArrayList;

public class listenPortThread implements Runnable {
    public static ArrayList listOne  = new ArrayList(1000);
    private Socket socket;
    public listenPortThread(Socket socket) {
      this. socket = socket;
    }
    @Override
    public void run() {
```

```
        try {
                Thread. currentThread(). sleep(9000);    //当前线程等待
                System. out. println("New connection accepted:" + socket. getIne
                tAddress() +
                    ":" + socket. getPort());
                server(socket);
        } catch (IOException e) {
          // TODO Auto-generated catch block
          e. printStackTrace();
        } catch (InterruptedException e) {
          // TODO Auto-generated catch block
          e. printStackTrace();
        }   finally {
          try {
                  if (socket ! = null)
                      socket. close();
          } catch (IOException e) {
                  e. printStackTrace();
          }
        }
}


private void server(Socket socket) throws IOException, InterruptedException {
      StringBuilder stringbuilder = new StringBuilder();
    //读写数据，读取客户端发送的数据，写到文件中
    while (stringbuilder. length() = = 0) {
        String data = null;
    //用于接收（由客户端发送的十六进制数转化的）字符串
      int len = 0;
      int i = 0;
      while ((len = socket. getInputStream(). read()) ! = - 1) {
          //读取客户端发送的数据
          //将客户端发送的十六进制数转化为字符串
          data = Integer. toHexString(len). toUpperCase();
          if (len < = 15) {
              data = "0" + data;
          }
          stringbuilder. append(data);//拼接字符串，放入缓冲区
          String line = stringbuilder. toString();//转化为字符串
```

```
                //写到公共 listOne 中
                if (stringbuilder. length() % 32 = = 0 && line. startsWith("FAFAFAFA")
&& line. endsWith("FAFAFAFA"))
                    {  pluginListener. semp. acquire();
                        listOne. add(line);              //读取的数据信息加入公共 list
                        i + + ;
                        pluginListener. semp. release();
                        stringbuilder. setLength(0);//清空缓冲区
                    }
                }
            }
            //释放资源
            socket. close();
        }
    }
```

（5）数据转储模块源码

```
/**
    数据批量存入数据库表,在实现时将整批按 batchSize 分批,避免了 SQL 注入和内存
不足的问题
    @param list
    @throws SQLException
    @throws UnknownHostException
*/
package server. ibuilding. ahjzu. edu. cn;
import java. io. IOException;
import java. io. UnsupportedEncodingException;
import java. net. UnknownHostException;
import java. sql. Connection;
import java. sql. DriverManager;
import java. sql. PreparedStatement;
import java. sql. SQLException;
import java. text. DateFormat;
import java. text. SimpleDateFormat;
import java. util. ArrayList;
import java. util. Date;

public class dataSaveThread implements Runnable {
    public static  ArrayList<String> list  = new ArrayList<String>(1000);
    public void run() {
```

```
while (pluginListener.runFlag) {
    try {
        Thread.currentThread();
            Thread.sleep(paramSet.T * 1000); //当前线程等待周期时
                                             间单位为 ms
            list = forImage(); //数据从公共 listOne 传到 list 并清除
                               listOne
            loadData(list); //将数据批量写入数据库并断开链接
    } catch (InterruptedException e) {
        // TODO Auto-generated catch block
        //System.out.println(e.getMessage());
            System.out.println("服务器已关闭!");
    } catch (Exception e) {
        // TODO Auto-generated catch block
            e.printStackTrace();
    }
}//endwhile
}


public static ArrayList<String> forImage()throws IOException
{ //把 listOne 的内容 copy 到 list 中,并清空 listOne
    System.out.println("forImage begin....." );
    System.out.println("listOneSizeBegin = " + listenPortThread.listOne.size());
        //打印公共 listOne 中的条数
    try{
        pluginListener.semp.acquire(); //申请信号量
        list.addAll(listenPortThread.listOne);
        //将公共 listOne 的内容添加到 list 中
        listenPortThread.listOne.clear(); //清空公共 listOne
        pluginListener.semp.release(); //释放信号量
    } catch (Exceptio 无误) {
        e.printStackTrace();
    }
    return list;
}


/* 数据批量存入数据库表 */
public void loadData(ArrayList<String> list ) throws SQLException, Un-
knownHostException {
```

```
        Connection con = DBConnection(); //定义数据库连接
        String sql = "insert into pluginData(sdata,collectTime,collectIP)values(?,?,?)";
PreparedStatement ps = con.prepareStatement(sql); //执行 SQL 预处理
int count = 0;
long startTime = 0; //记录存入数据库的开始时间
long endTime = 0; //记录存入数据库的结束时间
try {
        String line_record = "";
        System.out.println("list.size====" + list.size()); //打印总条数
        for (int i = 0; i < list.size(); i++)
            { line_record = list.get(i).toString(); //把记录内容转成字符串
            if (line_record ! = null) {
    //记录逐条加入到批处理 Batch 中
    //解析每一条记录
                Date date = new Date();
                DateFormat format = new SimpleDateFormat("yyyy-MM-dd HH:mm:
ss");
                String timeCurrent = format.format(date);
                startTime = System.currentTimeMillis(); //存入数据库的开始
                ps.setString(1, tranStr(line_record));
                ps.setString(2, tranStr(timeCurrent));
                ps.setString(3, tranStr(pluginListener.collectorIp));
                ps.addBatch();
        ++count; //计数
    } //endif
}//endfor
ps.executeBatch(); //执行批量写入数据库
ps.close(); //关闭批处理
con.commit();
list.clear();
con.close(); //关闭数据库连接
endTime = System.currentTimeMillis();
System.out.println("共有合法的记录" + count + "条");
System.out.println("数据存入 DB 花费的时间以 ms 为单位:" + (endTime -
startTime) + "ms");
} catch (Exception e) {
    e.printStackTrace();
}
```

```
        }

    private String tranStr(String oldstr) {
        String newstr = "";
        try {
                newstr = new String(oldstr.getBytes("ISO-8859-1"), "GBK");
        } catch (UnsupportedEncodingException e) {
                e.printStackTrace();
        }
        return newstr;
    }

        public static Connection DBConnection() {
                String userName = paramSet.userName;
                String userPwd = paramSet.userPwd;
                String driverName = paramSet.DBdriverName;
dbURL = "jdbc:sqlserver://192.168.2.190:1433;DatabaseName = shuihu";
                String dbURL = paramSet.DBType + "://" + paramSet.DBAddress + ":" +
paramSet.DBPort + ";DatabaseName = " + paramSet.DatabaseName;
                Connection con = null;
        try {
                Class.forName(driverName);
                con = DriverManager.getConnection(dbURL, userName, userPwd);
        } catch (Exception e) {
                System.out.println("连接数据库失败!");
                e.printStackTrace();
        }
        return con;
        }
}
```

思　考　题

1. 什么是套接字,流式套接字与数据报套接字有什么异同?
2. 简要回答物联网层次模型中接入层的作用。
3. 简单说明 ESP8266 各引脚的含义。
4. ESP8266 支持三种的工作模式有哪些? 各模式有哪些特点?
5. AT 指令集是什么?
6. 什么是数据库,什么是数据库管理系统。
7. 如何使用 MySQL 替代 SQL Server 支持区域数据汇聚程序的设计与实现。

第 4 章　数据存储系统技术

4.1　磁　盘　阵　列

在计算机系统中，磁盘存储器作为大容量存储的主要设备。20 世纪 80 年代，小容量磁盘价格低，但可靠性差、性能也较差。为了获得高可靠、高性能、高性价比的大容量存储系统，出现了用多个廉价磁盘组成一个磁盘阵列的概念。容错磁盘阵列（RAID）的基本思想就是将多个小容量、廉价的硬盘驱动器进行有机组合，使其性能超过一台昂贵的大硬盘，而价格低于同容量的单个大容量硬盘。

4.1.1　RAID 工作原理

容错磁盘阵列（RAID），通常简称为磁盘阵列，是一种把多块独立的硬盘（物理硬盘）按某种方式连接起来形成一个硬盘组（逻辑硬盘），从而提供比单个物理硬盘更高性能和更高可靠性的存储技术。图 4-1 是一个磁盘阵列实物图。该磁盘阵列的高度为 3U（U 是 Unit 的缩略语，1U＝4.445cm），可以放置 24 块磁盘。

如图 4-2 所示，磁盘阵列主要由磁盘阵列控制器、磁盘控制器、磁盘（Disk）组成。写入时，数据块经过磁盘阵列控制器，分成条块，并生成校验数据，传送到磁盘控制器，并写入各个磁盘。读出时，数据从各个磁盘读出，判断正确性，若正常，数据经磁盘阵列控制器传送到主机；若有错误，则启动校验过程，将错误数据恢复。从用户的角度，由多个磁盘组成的磁盘阵列就像是一个大硬盘，用户可以对它进行分区、格式化、读写操作等，对磁盘阵列的操作与对单个硬盘的操作一样。磁盘阵列是一个容量更大、读写性能和可靠性更高的逻辑盘。

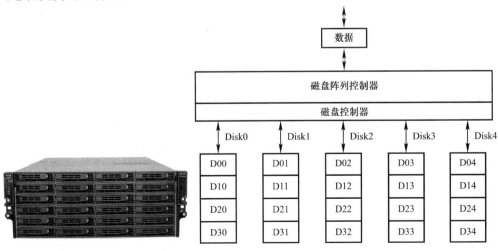

图 4-1　磁盘阵列实物图　　　　　　　图 4-2　磁盘阵列工作原理

RAID 的高性能通过多个物理硬盘的并行操作获得，而 RAID 的高可靠性是通过数据冗余及失效时恢复来获得的。所存储的数据一旦发生损坏后，利用冗余信息可以恢复被损坏的数据，从而保证了用户数据的可靠性。为提高可靠性，磁盘阵列系统在实际使用时，常配置多个冗余的阵列控制器，如配置 2、4 或 8 个控制器。

磁盘阵列的全称是廉价磁盘冗余阵列，源自英语 Redundant Array of Inexpensive Disks（RAID）。"冗余"是指由多块硬盘构成的阵列中，有的磁盘用于存储冗余数据。冗余数据一般由用户数据通过编码（如奇偶校验等）生成，用于阵列中某一块磁盘失效时恢复数据。虽然 RAID 包含多块硬盘，但是在操作系统下是作为一个独立的大型存储设备出现的。采用 RAID 技术实现存储系统的好处主要有以下三个方面，而这三个方面分别体现了 RAID 的高性能、大容量、高可靠的优点。

（1）通过把数据分成多个数据块（Data Block）并行写入/读出多个磁盘，提供高速访问多磁盘数据的能力。

（2）通过把多个磁盘组织在一起作为一个逻辑卷，提供跨磁盘的大容量存储能力。

（3）通过冗余（或镜像）技术实现数据的校验操作，提供数据容错存储能力。

随着磁盘技术的迅速发展，在目前而言，RAID 技术节省成本的作用并不明显，因此也有人将 RAID 的含义更新为 Redundant Array of Independent（独立的）Disks。但是 RAID 的实质并没有改变。RAID 的优势仍然存在：可以充分发挥多块硬盘的优势，实现远远超出任何一块单独硬盘的速度和吞吐量；可以提供良好的容错能力，在任何一块硬盘出现问题的情况下都可以继续工作，不会受到损坏硬盘的影响；可以跨盘提供比单盘大得多的逻辑存储空间。

磁盘阵列的特点主要有：①由独立的磁盘控制器控制物理磁盘，由独立磁盘阵列控制器管理、多个物理磁盘构成的逻辑驱动器；②支持硬盘、电源模块和风扇模块的带电热拔插；③采用多种冗余技术保障数据的高可用性；④有完善的系统检测与报警功能；⑤支持多种标准接口与主机连接；⑥支持多种操作系统。

4.1.2 RAID 的分级与结构

按照冗余、容错情况的差异，RAID 技术分为几种不同的等级（RAID Level），分别可以提供不同的速度、安全性和性价比。根据实际应用的需求选择适当 RAID 级别的磁盘阵列，可以满足用户对存储系统可用性、性能和容量的要求。常用的 RAID 级别有以下几种：RAID0、RAID1、RAID0+1、RAID3、RAID4、RAID5、RAID6、RAID7、Matrix RAID 等。目前经常使用的是 RAID0、RAID1 和 RAID5。

1. RAID0

RAID0 即 Data Stripping（数据分块，或称数据条带化）。整个逻辑盘的数据是被分块地分布在多个物理磁盘上，可以并行读/写，提供最快的速度，但没有冗余能力。RAID0 要求至少两个磁盘。通过采用 RAID0，用户可以获得更大的单个逻辑盘的容量，且通过对多个磁盘同时读取，获得更高的存取速度。RAID0 首先考虑的是磁盘的速度和容量，忽略了安全，只要其中一个磁盘出了问题，那么磁盘阵列的数据将部分丢失。

RAID0 中原数据按需要分块，这些数据块被交替写到多个磁盘中。如图 4-3 所示，D00 块被写到磁盘 Disk0 中，D01 块被写到磁盘 Disk1 中，以此类推。当写完最后一个磁盘后再回到第一个磁盘，开始下一个循环，直到所有数据分布完毕。系统向由 5 个磁盘组成的逻辑硬盘（RAID0 磁盘组）发出的 I/O 数据请求转化为 5 项操作，其中的每一项操作都对应于一块物理硬盘。通过建立 RAID0，原先顺序的数据请求被分散到所有 5 块硬盘中同时执行。理论上，5 块硬盘的并行操作使同一时间内磁盘读写速度提升了 5 倍。但由于总线带宽等多种因素的影响，实际的提升速率肯定会低于理论值，但与大量数据的串行传输比较，提速效果十分显著。

RAID0 的优点如下：

（1）写入时，将数据分块，然后发送给各磁盘，独立完成写入操作；读出时，各磁盘并发读出。

（2）当每个磁盘控制器上只连接一个磁盘时，数据能分块到多个磁盘控制器上，可以取得最佳的性能。

（3）不需要计算校验和。

（4）设计非常简单，容易实现。

RAID0 的缺点也很明显，主要有：

（1）从不能容错的角度上来说，RAID0 不是一种真正的 RAID。

（2）一块磁盘失效就有可能丢失所有的数据。

（3）不能用在可靠性要求高的应用中。

RAID0 具有的特点使其特别适用于对性能要求较高而对数据安全不重要的领域，如图形工作站等。对于个人用户，RAID0 也是提高硬盘存储性能的最佳选择。

2．RAID1

RAID1 又称镜像方式（Mirror 或 Mirroring），它的目标是最大限度地保证用户数据的可用性和可修复性。RAID1 的操作方式是把用户写入硬盘的数据百分之百地自动复制到另外一个硬盘上。在整个镜像过程中，只有一半的磁盘容量是有效的（另一半磁盘容量用来存放同样的数据）。同 RAID0 相比，RAID1 首先考虑的是安全性，容量减半、速度不变。

在 RAID1 中，磁盘分成一组组镜像对，相同的数据块同时存放在两个磁盘的相同位置上，数据的分布互为镜像。如图 4-4 所示，Disk0 和 Disk1、Disk2 和 Disk3 分别构成镜像对。实现 RAID1 至少需要两块硬盘。RAID1 是通过镜像方式来工作的，它是将相同的数据各存一份到两块硬盘中，在 RAID1 的组合下，逻辑硬盘的总容量等于所有硬盘容量总和的一半，例如组合 4 块 500GB 的硬盘后，逻辑硬盘的可用容量就是 1000GB。

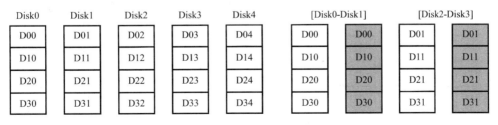

图 4-3　RAID0 工作原理示意　　　　　图 4-4　RAID1 工作原理示意

RAID1 的优点如下：

（1）对每个磁盘只需要一次写操作。

（2）写性能与单块磁盘的相同，读性能优于单块磁盘。

（3）100％的数据冗余，在一块磁盘失效时只需要把数据拷贝到替换的磁盘上。

（4）在特定条件下，RAID1系统可以在多块磁盘同时失效时继续工作。

（5）存储子系统设计简单。

RAID1的缺点如下：

（1）在所有的RAID类型中有着最高的磁盘开销（只能用到50％的容量）。

（2）如果用软件实现RAID1的功能，CPU的开销太大。

RAID1推荐在需要非常高可用性的场合使用，如财务系统、金融证券系统等。

3. RAID2

RAID2把磁盘分为数据盘和校验盘（纠错磁盘），如图4-5所示。用户数据按位或按字节分散存放于数据盘上，而不是以数据块为单位，校验盘上存放相应的Hamming纠错码。

RAID2的优点如下：

（1）即时数据纠错。

（2）可以达到很高的数据传输率。

（3）所需的数据传输率越高，数据磁盘与纠错磁盘的比例越高。

（4）与RAID3、RAID4和RAID5相比，控制器设计较为简单。

RAID2的缺点如下：

（1）需要多个纠错磁盘，磁盘空间使用效率低。

（2）处理速率在最好情况下只相当于单块磁盘。

（3）没有商业化产品。

4. RAID3

RAID3的工作方式是用一块磁盘存放校验数据。由于任何数据的改变都要修改相应的数据校验信息，存放数据的磁盘有好几个且并行工作，而存放校验数据的磁盘只有一个，这就带来了校验数据存放时的读写瓶颈。

RAID3是采用字节交叉方式（即以字节为存放单位）的并行传输磁盘阵列，采用奇偶校验算法。奇偶校验运算是指对每个盘上对应的二进制位进行异或运算，然后将得到的校验位写到校验盘上，如图4-6所示。存储在Disk0～Disk3中的数据B00～B03生成的奇偶校验码P0存储在Disk4中，即

Disk0	Disk1	Disk2	Disk3	Disk4	Disk5	Disk6
B00	B01	B02	B03	H0		
B10	B11	B12	B13	H1		
B20	B21	B22	B23	H2		
B30	B31	B32	B33	H3		
B40	B41	B42	B43	H4		

图4-5　RAID2工作原理示意

Disk0	Disk1	Disk2	Disk3	Disk4
B00	B01	B02	B03	P0
B10	B11	B12	B13	P1
B20	B21	B22	B23	P2
B30	B31	B32	B33	P3
B40	B41	B42	B43	P4

图4-6　RAID3工作原理示意

$$P0 = B00 \oplus B01 \oplus B02 \oplus B03$$
$$P1 = B10 \oplus B11 \oplus B12 \oplus B13$$
$$P2 = B20 \oplus B21 \oplus B22 \oplus B23$$

$P3 = B30 \oplus B31 \oplus B32 \oplus B33$

$P4 = B40 \oplus B41 \oplus B42 \oplus B43$

RAID3 的优点如下：

（1）磁盘读性能很高。

（2）磁盘写性能很高。

（3）有磁盘失效时，对吞吐率没有很大的影响。

（4）所需的校验盘比较少，因而空间利用效率高。

RAID3 的缺点如下：

（1）控制器设计相当复杂。

（2）数据以字节划分，划分粒度太细，占用计算资源多，难以用软件实现。

适合 RAID3 使用的场合主要有视频处理、图像编辑、其他需要高吞吐率的应用场合。

5. RAID4

RAID4 将数据条块化并分布于不同的磁盘上，但条块单位为块或记录。RAID4 使用一块磁盘作为奇偶校验盘，每次写操作都需要访问奇偶校验盘，这时奇偶校验盘会成为写操作的瓶颈，因此 RAID4 在商业环境中很少使用。

RAID4 数据块分布示意图如图 4-7 所示。RAID4 只采用了要被替换的旧数据、新写入的数据和旧的校验数据来计算新的校验数据。实现 RAID4 最少需要 3 块盘。

与 RAID3 类似，奇偶校验码 P0、P1、P2、P3、P4 可以按照如下的方式计算：

$P0 = D00 \oplus D01 \oplus D02 \oplus D03$

$P0 = D10 \oplus D11 \oplus D12 \oplus D13$

$P0 = D20 \oplus D21 \oplus D22 \oplus D23$

$P0 = D30 \oplus D31 \oplus D32 \oplus D33$

$P0 = D40 \oplus D41 \oplus D42 \oplus D43$

Disk0	Disk1	Disk2	Disk3	Disk4
D00	D01	D02	D03	P0
D10	D11	D12	D13	P1
D20	D21	D22	D23	P2
D30	D31	D32	D33	P3
D40	D41	D42	D43	P4

图 4-7　RAID4 工作原理示意

RAID4 的优点如下：

（1）多盘并发读出，读性能高。

（2）所需的校验盘少，因而存储空间使用效率高。

RAID4 的缺点如下：

（1）控制器实现相当复杂。

（2）写性能差。

（3）磁盘失效时，数据重建复杂，效率低。

Disk0	Disk1	Disk2	Disk3	Disk4
D00	D01	D02	D03	P0
D10	D11	D12	P1	D13
D20	D21	P2	D22	D23
D30	P3	D31	D32	D33
P4	D40	D41	D42	D43

图 4-8　RAID5 工作原理示意

6. RAID5

RAID5 克服了 RAID3、RAID4 中用一块固定磁盘存放校验数据的不足，将各个磁盘生成的校验数据分成块，分散存放到组成阵列的各个磁盘中，这样就缓解了校验数据存取时所产生的瓶颈问题，但是数据分块及存取控制需要软硬件支持及付出性能代价。

如图 4-8 所示，RAID5 用来进行纠错的奇偶校验信息 P0～P4 不再单独存放在一个磁盘上，而是均匀分布在所有磁盘中，这也就消除了校验数据的读写瓶颈。

RAID5 的优点如下：

（1）读性能高。

（2）写性能一般。

（3）所需的校验盘比较少，因而磁盘空间利用效率高。

RAID5 的缺点如下：

（1）磁盘失效时会影响吞吐率。

（2）控制器设计最复杂。

（3）与 RAID1 相比，在磁盘失效时重建非常困难。

RAID5 是最常用的 RAID 类型，推荐使用的场合包括文件服务器、应用服务器，以及 WWW、E-mail、新闻服务器等。

7. RAID0＋1

为了达到既高速又安全的目标，出现了 RAID0＋1（或者称为 RAID10），可以把 RAID0＋1 简单地理解成由多个磁盘组成的 RAID0 阵列再进行镜像。

RAID0＋1 实际上是 RAID0＋RAID1 的组合。它是镜像和分块技术的结合，多对磁盘先镜像，再分块。如图 4-9 所示，Disk0 与 Disk1 是 RAID1，Disk2 与 Disk3 之间也是 RAID1，然后把这两个 RAID1 作为两个逻辑盘，在它们之间实现 RAID0。

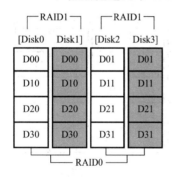

图 4-9　RAID5 工作原理示意

我们可以仿照 RAID0＋1 那样结合多种 RAID 规范来构筑所需的组合 RAID 阵列，例如 RAID5＋3（RAID53）就是一种应用较为广泛的阵列形式。原则上，用户一般可以通过灵活配置磁盘阵列来获得更加符合其应用要求的磁盘存储系统，但实际中并没有更多的高性价比的变种。

4.1.3　RAID 的实现

RAID 有软件和硬件两种实现方式，即"软件 RAID"与"硬件 RAID"。Windows 和 NetWare 操作系统可以提供软件阵列功能，其中 Windows NT/Server 2003 可以提供 RAID0、RAID1、RAID5；NetWare 操作系统可以提供 RAID1。软件 RAID 是指通过操作系统自身提供的磁盘管理功能将连接的普通 SCSI 卡上的多块硬盘配置成逻辑盘，组成阵列。软件磁盘阵列可以提供数据冗余功能，但是磁盘子系统的性能会有所降低，有时降低的幅度还比较大，可以达 30％左右。同时，由于磁盘阵列的数据管理功能全部由操作系统提供，这在加重操作系统负担的同时还更多地占用了 CPU 的通用计算能力和系统内存资源。

HostRAID 是一种介于硬件 RAID 和软件 RAID 之间的 RAID 实现技术。HostRAID 是一种把初级的 RAID 功能附加给 SCSI 卡或者 SATA 卡而产生的产品。由于 HostRAID 把软件 RAID 功能集成到了产品的固件上，从而提高了产品的功能和容错能力，它可以支持 RAID0 和 RAID1。

基于总线的 RAID 是硬件 RAID 实现的一种形式。与内置阵列卡的 RAID 不同，基于总线的 RAID 由内建 RAID 功能的主机总线适配器（Host Bus Adapter）控制，直接连接到服务器的系统总线上。总线 RAID 与软件 RAID 相比既可以拥有更多的功能，又不会显著增加总成本，这样可以极大节省服务器系统 CPU 和操作系统的资源，从而使网络服务器的性能获得很大的提高。它支持很多先进功能，如热插拔、热备盘、SAF-TE、阵列管理等。缺点在于，由于占用 PCI 总线带宽，PCI 的 I/O 能力可能变成阵列速度的瓶颈。

硬件 RAID 能够提供在线扩容、动态修改阵列级别、自动数据恢复、超高速缓冲等功能。它能提供高性能、数据保护、高可靠性和可管理性的解决方案。由于磁盘阵列卡拥有一个专门的处理器，还拥有专门的存储芯片用于高速缓冲磁盘的读写数据，所以服务器对磁盘的操作就直接通过磁盘阵列卡进行处理，不需要大量的 CPU 及系统内存资源，也不会降低磁盘子系统的性能。硬件 RAID 可分为两类，即内置阵列卡和外置独立式磁盘阵列。其中，内置阵列卡是使用专门的磁盘阵列卡来实现的。现在的服务器大多都提供了磁盘阵列卡（有些服务器将磁盘阵列卡集成在主板上），都可以轻松实现基于内置阵列卡的硬件 RAID。随着内置 RAID 阵列卡价格的下降，相比较于依靠主板集成磁盘阵列卡的硬件 RAID 实现，采用内置阵列卡＋ SATA 硬盘的方式搭建 RAID 阵列，成为一种高性价比的容错存储方案。通过 DIY，用户也可以自己组建 RAID 阵列。

1. 内置阵列卡磁盘阵列

内置阵列卡 RAID 是一种廉价的容错存储系统，它可以带来多种好处，其中提高传输速率和提供容错功能是最大的好处。图 4-10 是内置阵列卡和硬盘连接构成 RAID 系统的示意图。内置阵列卡插在主机的 PCIe 插槽上，卡上有 RAID 控制器的硬件逻辑。卡上的mini-SAS 接口通过 mini-SAS 转 SATA 电缆，连接多个 SATA 接口的硬盘。上述硬件通过软件控制，实现磁盘阵列的功能。

内置阵列卡通过数据冗余，提供了容错功能，这是 RAID 广泛使用的重要原因之一。普通磁盘驱动器并没有提供容错的功能。RAID 容错的功能是建立在多个磁盘驱动器之间数据冗余与校验的基础上的，

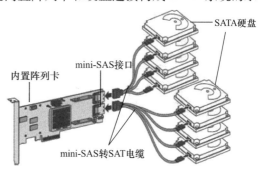

图 4-10 内置阵列卡 RAID 连接示意

所以具有很高的可靠性。内置阵列卡通过多个硬盘的并发读写，提高了系统的数据传输速率。RAID 可以实现多个磁盘的同时存储和读取数据，以此来成倍提高存储系统的数据传输率。在 RAID 中可以控制多个磁盘驱动器同时传输数据，而这些磁盘驱动器在逻辑上可以看成是一个磁盘驱动器，所以使用 RAID 可以达到比单个磁盘驱动器高几倍、十几倍的速率。这也是 RAID 最显著的优点。因为 CPU 的性能增长很快，而磁盘驱动器等大容量存储器的数据传输率增加相对很慢，所以需要有一种方案解决两者之间不断加大的间隙。RAID 的采用大大缓解了 I/O 瓶颈，加上可靠性方面的优势使之应用广泛。

外置独立式磁盘阵列有独立的机箱或机柜。高性能阵列通常配有多个处理器和嵌入式操作系统，带有大容量的缓冲存储器，连接多路独立的磁盘控制通路，稳压电源、散热风扇等均有冗余备份。针对不同用户的需求，外置独立式磁盘阵列性能从高到低形成系列，用户可按照需求进行配置。

2. 外置独立式磁盘阵列

外置独立式 RAID 是硬件 RAID 的一种，与内置阵列卡技术的区别在于 RAID 控制卡

不安装在主机里，而是安装在外置的存储设备内。外置的存储设备通过标准接口（如 FC、iSCSI 等）与主机系统连接。RAID 功能在这个外置存储设备里实现。好处是外置的存储往往可以连接更多的硬盘，不会受系统机箱的大小影响，而且一些高级的技术，如双机热备，需要多个服务器外连到一个外置存储上来提供服务器容错能力。在读写性能要求较高和数据容量要求较大时，通常采用外置独立式 RAID。外置独立式 RAID 系统有独立的机柜，与主机系统通过标准接口连接。外置独立式 RAID 的性能差异较大，从几个磁盘位置到数百个以上磁盘位置不等。

4.1.4　内置插卡式 RAID 与外置独立式 RAID 的比较

硬件 RAID 可分为内置插卡式 RAID 和外置独立式 RAID 两大类。如图 4-11（a）所示，内置插卡式 RAID 由 RAID 卡和磁盘组成，整个 RAID 都在服务器中。而如图 4-11（b）所示的外置独立式 RAID 有独立的机柜，由 RAID 控制器和磁盘组成。RAID 控制器与内置 RAID 卡相比，性能更高，功能更强。

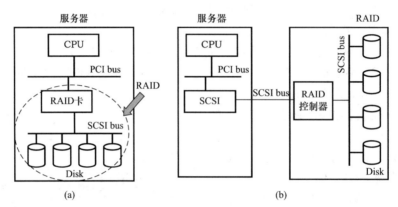

图 4-11　硬件 RAID
（a）内置插卡式 RAID；（b）外置独立式 RAID

内置阵列卡 RAID 成本低，性能比软件 RAID 有显著提升。而外置独立式 RAID 在性能、可靠性、可扩展性等方面更胜一筹，当然成本也高。分析、比较内置阵列卡技术和外置阵列控制器技术主要异同点、优缺点，可为实际使用时的选择提供依据。二者的主要异同如下。

（1）内置阵列卡安装在主机（主板）的 PCI（或 PCIe）插槽上，直接受主机系统的影响。主机需要安装特定的阵列卡驱动程序与管理软件，而且与主机类型、操作系统等有兼容性等问题。主机故障会直接影响到 RAID 性能与存储数据的完整性。相反，外置独立式磁盘阵列本身带 CPU 和硬件控制器，与主机和操作系统完全独立，是一个独立的存储系统。外置独立式磁盘阵列与主机通过高速标准接口（如 SCSI、光纤接口）电缆连接，主机端一般不需要驱动软件或硬件支持，只需主机提供标准接口即可。数据完整性及 RAID 安全性不受主机系统的影响。

（2）当主机改变或操作系统改变时，内置阵列卡需要更换，因为阵列卡是与主机类型及操作系统相关的。某些内置阵列仅适用于特定软硬件系统，因此必须考虑兼容性问题。外置磁盘阵列与主机 CPU 或操作系统完全独立，只相当于连接至标准接口（如 SCSI）的一个标准设备。因此，当主机系统或操作系统改变时，外置磁盘阵列可继续使用。当然，具体的数据格式可能存在兼容问题，主机更换后，原来磁盘阵列中的数据可能无法直接访问。

（3）内置阵列卡 RAID 的设置一般通过修改底层的设置程序（如修改 BIOS 等）来实施，维护困难。外置磁盘阵列可通过多种方式实施，如 Web 网页方式、串口通信等，亦可直接在磁盘阵列的面板上通过菜单设置，操作直观，易维护。内置阵列卡的硬件冗余程度及热插拔功能一般要低于外置磁盘阵列。

（4）内置阵列卡 RAID 一般只支持 RAID0、RAID1、RAID5，除硬盘冗余及热插拔外，电源、风扇等无法配置，只能依靠主机。外置磁盘阵列的硬件冗余程度及热插拔功能远高于内置阵列卡，从而提供更高的可靠性。外置 RAID 与主机独立，主机故障时不影响RAID，支持 RAID0、RAID1、RAID3、RAID5、RAID0＋1 等，而且电源、风扇等均有冗余且热插拔配置。

（5）内置阵列卡方式提供的环境监测、警示、故障检测能力低于外置磁盘阵列方式。内置阵列卡方式能提供硬盘故障报警显示，而如风扇、电源、温度等异常则无法提供，而且警告方式比较单一。外置磁盘阵列方式提供完善的环境监测、警示、故障检测功能，既提供硬盘、风扇、电源、控制器等运行情况的监测，又以声音、指示灯、LCD 面板显示等多种方式在故障时报警、显示。它可确定故障类型、位置，再加上冗余热插拔设计，以确保整个存储子系统的不间断运行，可用性、可靠性比内置阵列卡方式更高。

（6）内置阵列卡方式的扩容能力不如外置磁盘阵列方式。一般阵列卡受端口数量限制，通常为 4～16 个硬盘。外置磁盘阵列扩展能力强，通常可以连接数十个至上百个硬盘。再加上与主机完全独立，通过增加磁盘扩展柜，规模扩展更为灵活。外置磁盘阵列还可通过 RAID 管理界面完成在线扩容，自动重建。

（7）内置阵列卡方式占用部分主机资源，导致主机性能有所下降。外置磁盘阵列方式与主机无关，不占用主机资源。

硬件 RAID 的实现方案主要有两种，即内置阵列卡和外置独立式磁盘阵列。这两种方案主要是性能与价格的折中，实际应用中可根据具体需求选择。

4.1.5 外置式 RAID 控制器的类型与功能

RAID 控制器是一种硬件设备或软件程序，用于控制 RAID 阵列。RAID 控制器是管理物理磁盘驱动器并使之发挥功能的设备。更重要的是，RAID 控制器能控制 RAID 中的多个物理磁盘协同工作，使得从主机看来是一个大逻辑磁盘（虚拟磁盘）。

RAID 控制器提供一种基于操作系统与物理磁盘驱动器之间的抽象层次。RAID 控制器按逻辑单元对应用和操作系统进行分组归类，基于此，数据保护方案得以明确。控制器具有在多重物理设备上获取多重数据备份的能力，因而系统崩溃时它提升性能和保护数据的能力就得以凸显出来。在基于硬盘的 RAID 中，物理控制器用于管理 RAID 阵列。控制器采用 PCI 或 PCIe 卡的形式，这是为特定驱动格式（比如 SATA 或 SCSI）专门设计的。RAID 控制器也可以只是软件，使用主机系统的硬件资源。基于软件的 RAID 往往提供与基于硬件的 RAID 相似的功能，不过，其性能通常没有基于硬件的好。

与 RAID 阵列类似，RAID 控制器也专门为某种 RAID 数据恢复系统而设计。磁盘阵列控制器的硬件开发必须考虑系统中所使用的特定硬盘。因此，基于 IDE 接口设计的磁盘阵列控制器芯片不能用于 SCSI 硬盘。为 RAID0 设计的控制器一般也不能用于容错的阵列。但是，高档的 RAID 控制器几乎可以用于所有类型的 RAID 数据恢复系统。它们有不同的实现形式，可以让这些功能在单 CPU 或主板上的两个处理器上实现。

RAID 控制器芯片通常是运行在某些操作系统的主板上。RAID 控制器也可以作为 PCI 扩展卡，在这种情况下，可以直接在主机上安装 RAID0 和 RAID1。但对于更强的功能和更高的效率需求，需要专用的 RAID 控制器。许多 RAID 控制器制造商在特殊情况下使用非标准的芯片，以满足一些特殊的要求，如空间位置的尺寸较小等。对于磁盘用 SA-TA 接口，RAID 控制器也必须支持。

硬件 RAID 或 RAID 控制器在物理上控制 RAID 阵列。RAID 控制器在某种意义上是完全编程的微型计算机。它们有专用处理器。根据硬件 RAID 与 RAID 阵列的交互方法，RAID 控制器分为基于总线的或控制器卡的 RAID 控制器和智能的外置 RAID 控制器两类。

基于总线的或控制器卡的 RAID 控制器是最常见的形式，一般用于低端的 RAID。作为一个 IDE/ATA 控制器或 SCSI 主机适配器，它被安装到计算机/服务器中，直接控制磁盘阵列。其中一些是用在主板上，尤其是用在服务器中的时候。这些应用性价比高，使用灵活。

智能的外置 RAID 控制器用于高端系统。它安装在一个独立的机柜中，使用 SCSI 控制 RAID 阵列。它把 RAID 阵列映射为单个逻辑驱动器，采用专用的处理器管理 RAID 阵列。因此，这类 RAID 控制器价格昂贵，并因总线类型的原因而实现困难。

4.1.6 RAID 的性能指标与选购要点

影响 RAID 性能的因素很多，其中可调因素主要有 RAID 控制器缓存（Cache）大小、写策略（Write Policy）、读策略（Read Policy）、条带的大小（Stripe Size）。不同的 RAID 控制器，其性能上差异很大，但基本原理类似。很多设置可以在 RAID 的配置工具中调整。选购前，可以通过对这些参数的组合配置与测试比较，以确定相关因素的性能需求。

（1）条带大小选择

在顺序读写应用中，条带越大越好（由于各厂家 RAID 卡的 RAID 算法各不相同，因此针对不同的 RAID 卡，最佳的条带大小会略有不同，一般选择 128kB 或 256kB）。在随机读写应用中，小的条带性能较好（一般选择 32kB）。

（2）预读策略

预读策略有 Read Ahead 和 Pre-Fetch。Read Ahead 针对所读扇区的下一扇区，对数据文件读取有利；Pre-Fetch 针对先前读过的数据，对程序文件读取有利。

（3）直写（Write Through）策略

在这种模式下，数据直接写入硬盘，所有数据写入磁盘动作完成后写入操作才算结束，并把写入命令完成状态返回到主机。

回写（Write Back）策略。在这种模式下，数据写入 Cache 后，就算写入操作完成。只有在 Cache 满的时候，才会启动写入硬盘的操作；一般情况只写入 Cache，硬盘实际上是空闲的。采用回写可以大幅度提高 RAID 性能，因为在多数情况下没有磁盘的写入操作。在回写模式下，Cache 容量大小对性能影响很大，而在直写模式下，Cache 容量大小对性能影响不大。采用回写模式有一定的数据丢失风险，这是高性能的代价。

具有两个或者更多控制器的存储阵列（SCSI、FC、iSCSI 以及 NAS）可以配置为 Active/Active 模式或者 Active/Passive 模式。Active/Passive 是指其中一个控制器为主控制器，主动处理 I/O 请求，而另外一个处于备用状态，在主控制器出现故障或者处于离线状态时接管其工作。而 Active/Active 配置则将两个控制器节点都启用，以处理 I/O 请求，并为彼此提供冗余的性能。

通常情况下，Active/Active 存储系统包含一个由电池支持的镜像缓存，控制器的缓存内容被完整地镜像至另外一个控制器中，并能够保证其可用性。例如，如果 Active/Active 控制器共用 4GB 缓存（每个控制器 2GB），则可用于镜像的缓存数量为其 50%，即 2GB。一般来说，主要通过一个特定的控制器来访问 LUN（逻辑卷号），从而保持缓存一致性。有些可以使任意一个控制器响应服务器对于 LUN 的 I/O 请求。然而，实际的 I/O 通常是通过一个指定的控制器来完成的。

关于哪一种方式更好，要看实际使用情况。如果系统能够提供一个空闲的控制器，则 Active/Passive 模式配置将为故障时控制权的转移提供性能优势。很多厂商的 NAS 集群使用这一模式。Active/Active 配置启用的两个控制器均为主动模式，以实现常规操作下的性能提升。但是，在故障时出现控制转移的情况下，这种模式会产生性能的下降。

选择磁盘阵列应考虑应用的特性，结合磁盘阵列的性能、优化组合，可获得最佳的性价比。可以参照以下 6 个问题的回答选购合适的磁盘阵列。

1）选择 32 位或 64 位的 RISC CPU 还是 32 位的 CISC CPU？

SCSI 是按照以下顺序发展的：SCSI2（窄带，8 位，10MB/s）→SCSI3（宽带，16 位，20MB/s）→Ultra Wide（16 位，40MB/s）→Ultra2（Ultra Ultra Wide，80MB/s）→Ultra3（Ultra Ultra Wide，160MB/s）→Ultra3（Ultra Ultra Wide，320MB/s）。过去使用 Ultra Wide SCSI 的磁盘阵列时，对 CPU 的要求不需要太快，因为 SCSI 本身也不是很快。但当 SCSI 发展到 Ultra2 时，CPU 的性能成为影响磁盘阵列性能的关键因素了，一般的 CISC 32 位 CPU（如 586 级别的 CPU）就必须改为高速度的 RISC CPU。

服务器的结构已由传统的 I/O 结构改为智能化 I/O 结构（I2O 结构），其目的就是为了减少服务器中 CPU 的负担，将系统的 I/O 与服务器 CPU 负载分开。I2O 是由一个 RISC CPU 来负责 I/O 的工作。服务器上采用了 RISC CPU，磁盘阵列上为了性能上的匹配，当然也应该用 RISC CPU 才不会形成瓶颈。另外，我们现在常用的操作系统大多是 32 位或 64 位，当操作系统已由 32 位转到 64 位时，磁盘阵列上的 CPU 必须是 RISC CPU 才能满足要求。

2）磁盘阵列内的硬盘是否有顺序要求？

硬盘是否可以不按原先的次序插回阵列中，而数据仍能正常存取？很多人都想当然地认为不应该有顺序要求，其实不然，一般是有顺序要求的。一般的磁盘阵列，必须按照原来的次序放回磁盘才能正常存取数据。假设需要检修或清理阵列中的硬盘，把所有硬盘都放在一起，结果记不住顺序了，为了正常存取数据，我们只有一个个地试，最坏的情况要试数百次，这是不现实的。现在已出现的磁盘阵列产品具有不要求硬盘顺序的功能，阵列控制器可以识别磁盘的标记。为了防止上述事件发生，应选择对顺序没有要求的阵列。但是，对一般的磁盘阵列，给每个磁盘贴一个标签，可以防止磁盘位置的混乱。

3）选择硬件磁盘阵列还是软件磁盘阵列？

软件磁盘阵列指的是用一块 SCSI 卡与磁盘连接，不增加额外的硬件，由软件实现阵列功能；硬件磁盘阵列是指有专用的阵列卡或独立阵列柜中的磁盘阵列，它与软件磁盘阵列的性能有很大差别。硬件磁盘阵列是一个完整的磁盘阵列系统，通过标准总线（如 SCSI）

与系统相接，内置 CPU，与主机并行动作，所有的 I/O 都在磁盘阵列中完成，减轻主机的负担，增加系统整体性能，有 SCSI 总线主控与 DMA 通道，以加速数据的存取与传输。而软件磁盘阵列是一个程序，在主机上执行，通过一块 SCSI 卡与磁盘相连接形成阵列，其最大的缺点是大大增加了主机的负担，对于大量输入输出很容易使系统瘫痪。显然，若应用程序有性能上的需求，而预算又允许的话，应尽量选择硬件磁盘阵列。

4）选择 IDE 磁盘阵列还是 SCSI 磁盘阵列？

最近市场上出现了 IDE 磁盘阵列，它们的传输速度挺快，如增强型 IDE 磁盘阵列在 PCI 总线下的传输速率可达 66MB/s，价格与 SCSI 磁盘阵列相比要便宜得多；而 SCSI Ultra3 速率接近 160MB/s。但从实际应用情况来看，在单任务时，IDE 磁盘阵列比 SCSI 磁盘阵列快；在多任务时，SCSI 磁盘阵列比 IDE 磁盘阵列要快得多。但 IDE 磁盘阵列有一个致命的缺点：不能带电热插拔。这个缺点使 IDE 磁盘阵列命中注定只能使用于非重要场合。如果应用不能停机，则一定要选择 SCSI 磁盘阵列。

5）选择单控制器还是冗余控制器？

磁盘阵列一般都是以一个控制器连接主机及磁盘，在磁盘阵列的容错功能下达到数据的完整性。但磁盘阵列控制器同样会发生故障，在此情况之下，数据就有可能丢失。为了解决此问题，可以把两个控制器用线缆连接起来，相互备份。但两个独立控制器在机箱内的连接意味着一旦出现故障必须打开机箱换控制器，即必须停机，这在很多应用中根本就不可能，所以，我们应该选择热插拔双控制冗余的架构。现在有些磁盘阵列新产品上利用快取内存和内存镜像的方式，以保证在出现故障时不丢失数据，且在控制器更换后自动恢复故障前的工作设置，把工作负荷分散给相互备份的控制器，以达到负载均衡，这种架构能提供单控制器所达不到的高性能及高安全性。

6）选择 SCSI 接口还是光纤通道接口？

SCSI 接口的完善规格、成熟技术及高性能一直吸引着小型系统，但从目前的情况来看，光纤通道已形成市场，双环可达 200MB/s，且传输距离达 10km，可接 126 个设备。光纤通道把总线与网络合二为一，是存储网络的根本，其取代 SCSI 接口已是大势所趋。因此，为了保证系统的生命力，应该选择光纤通道接口。但光纤通道网络造价特别高，大约是 SCSI 接口网络的 4～5 倍，且从实际情况来看，光纤通道在管理上仍较薄弱，对客户端的软件要求比较高，所以在选择时，应根据实际情况来选择。

4.2　网络存储技术

网络存储技术（Network Storage Technology）是将网络技术应用在存储领域的综合技术。网络与存储的结合使得服务器对存储的访问可以通过网络访问来实现。随着网络性能的提高，网络存储的性能日益提升。网络存储有效支持了对跨操作系统的数据访问要求、对异地备份的要求。网络存储技术的发展与完善使存储的应用领域不断扩展，功能更强，性能更优。

按照连接方式的不同，网络存储结构可以分为直连式存储（Direct Attached Storage，DAS）、网络连接存储（Network Attached Storage，NAS）和存储区域网络（Storage Area Network，SAN）三种形式。

　　DAS、NAS 和 SAN 三种存储技术各具特色，可满足不同的应用场合。而随着信息化程度的提升，网络存储技术将会继续迅速发展。DAS、NAS、SAN 三种网络存储技术各有所长，相互补充，共同发展。特别是 NAS 和 SAN 优势互补，在应用需求和技术进步的共同推动下，将在某些应用场合走向融合。

4.2.1　直连式存储

　　直连式存储（Direct Attached Storage，DAS）是服务器与存储系统直接连接实现的存储形式。当连接外置存储系统的服务器数量不多（如不超过 4～6 台）或者服务器地理分布过于分散，且未来系统发展要求不高、存储容量不大（不超过 50TB），则可采用 DAS 系统。根据 DAS 系统的接口，如光纤通道技术、SAS 接口或 SCSI 接口等，相应地为服务器配置主机光纤接口卡、SAS 接口卡或 SCSI 接口卡。根据应用系统对存储性能的要求，可采用光纤/SAS 高性能硬盘、大容量的 SATA 硬盘或磁盘阵列。

　　外置独立式磁盘阵列与主机的连接方式主要有以下四种方式，如图 4-12～图 4-15 所示。由于 RAID 和主机在实际中一般是多对多的连接关系，所以 RAID 和主机之间通常会有一个扩展的连接转换器，它是符合特定网络协议的交换机。在图 4-12～图 4-15 中，Host/Server 为主机服务器，完成数据的处理、写入和读出的传送；HBA 为主机端的适配器，通过 HBA，主机与磁盘阵列连接；Host Port 为磁盘阵列中与主机的接口，磁盘阵列控制器通常有两个以上的主机接口；Controller 为磁盘阵列的控制器，一个磁盘阵列通常有两个以上的控制器。多主机和多磁盘阵列连接通过交换机实现。

　　单台服务器与单个磁盘阵列的直接连接如图 4-12 所示。这是在只有一台服务器和一台磁盘阵列情况下的连接方式，连接简单。但是，如果 Host Port 1 出错，需要手工连接到 Host Port 2，可能会引起数据丢失。容错能力较差。而单台服务器通过交换机与两个磁盘阵列的连接如图 4-13 所示。一台服务器连接到了两个磁盘阵列。如果 HBA 1 和 Controller A 的 Host Port 1 同时失效，主机仍可通过 HBA 2 和 Controller B 的 Host Port 1 访问磁盘阵列，具有一定的容错能力。

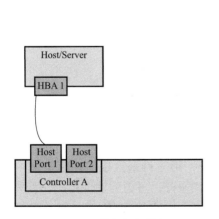

图 4-12　单台服务器与单个磁盘阵列的直接连接

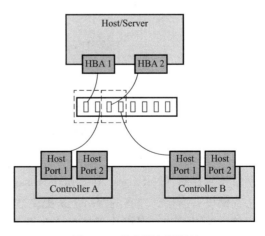

图 4-13　单台服务器通过交换机与两个磁盘阵列的连接

　　两台服务器通过交换机与两个磁盘阵列的连接如图 4-14 所示。每一台服务器都连接到了两个磁盘阵列。如果某台服务器和某个磁盘阵列同时失效，主机运行的业务系统仍可正常运行，只是性能上会有些损失，但业务可连续。磁盘阵列和服务器也支持多到多的连接。图 4-15 给出了四台服务器通过交换机与两个磁盘阵列连接的示意图。图 4-15 中，每一台服务器都连接到了两台磁盘阵列。该系统具有更强的计算系统容错和数据存储系统容错的能力。即使两台服务器和某个磁盘阵列同时失效，主机运行的业务系统仍可正常运行。

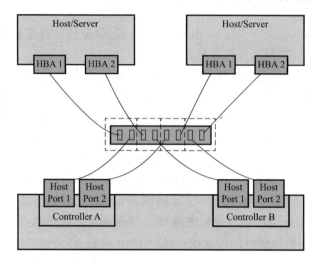

图 4-14　两台服务器通过交换机与两个磁盘阵列的连接

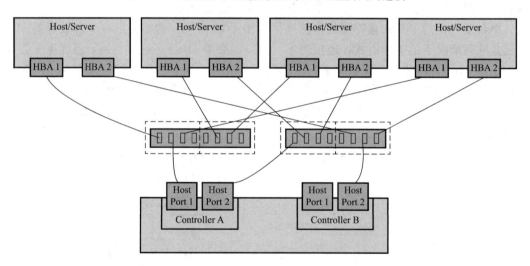

图 4-15　四台服务器通过交换机与两个磁盘阵列的连接

4.2.2　网络连接存储

网络连接存储（Network Attached Storage，NAS）通过网络连接的存储系统，NAS 可以将存储设备连接到现有的网络上来提供数据和文件服务。考虑到性价比，一般采用以太网连接。对于需要不同操作系统的文件共享，适合采用 NAS 系统。NAS 系统部署简单，无需改造服务器或者网络即可用于混合 UNIX/Linux/Windows 局域网内，但文件的共享访问需要占用网络带宽。根据应用系统的存储性能要求，可采用高性能光纤接口硬盘或大容量的 SATA 硬盘，还可采用磁盘阵列。NAS 系统的容量可从 1TB 扩展至上百 TB，甚至上千 TB。NAS 是一种专用数据存储服务器。它以数据为中心，将存储设备与服务器彻底分离，集中管理数据，从而释放带宽、提高性能、降低总成本、保护投资。其成本远远低于使用文件服务器存储，而效率却远远高于文件服务器。

一个 NAS 服务器一般由存储器件（例如磁盘阵列、CD/DVD 驱动器、磁带驱动器或可移动的存储介质）、操作系统以及其上的文件系统等几个部分组成，可提供跨平台文件共享功能。NAS 本身能够支持多种协议（如 NFS、CIFS、FTP、HTTP 等），而且能够支持各种操作系统。通过任何一台工作站，使用 Web 浏览器就可以对 NAS 设备进行直观方便的管理。图 4-16 给出了某 NAS 设备使用 Web 浏览器访问时的管理界面，在该界面中，管理员不仅可以查看 NAS 设备的当前状态，还可以对账户（用户、部门等）、磁盘系统、空间限制（用户授权使用磁盘空间）、共享（如共享目录设定等）、服务管理（如 SMB 管理、LDAP 管理）、系统（如网络配置、系统配置、查看系统信息、查看日志、重启/关闭设备等）等进行管理。

图 4-16　基于 Web 的 NAS 设备管理界面

NAS 可以通过直接连接方式连接磁盘储存阵列，从而将存储设备通过标准的网络拓扑结构连接，可以无需服务器直接上网，不依赖通用的操作系统，而是采用一个面向用户设计的、专门用于数据存储的简化操作系统，内置与网络连接所需的协议，从而使整个系统的管理和设置较为简单。NAS 通常在一个 LAN 上占有自己的节点，无需应用服务器的干预，允许用户在网络上存取数据。在这种配置中，NAS 集中管理和处理网络上的所有数据，将负载从应用或企业服务器上卸载下来，有效降低了总拥有成本，保护了用户投资。

NAS 解决方案通常配置作为文件服务的设备，由工作站或服务器通过网络协议（如 TCP/IP）和应用程序（如网络文件系统 NFS 或者通用 Internet 文件系统 CIFS）来进行文件访问。大多数 NAS 连接在工作站客户机和 NAS 文件共享设备之间。这些连接依赖于企业的网络基础设施来正常运行。为了提高系统性能和不间断的用户访问，NAS 采用了专业化的操作系统用于网络文件的访问，这些操作系统既支持标准的文件访问，也支持相应的网络协议，因此 NAS 技术能够满足特定的用户需求。例如，当某些企业需要应付快速数据增长的问题，或者是解决相互独立的工作环境所带来的系统限制时，可以采用新一代 NAS 技术，利用集中化的网络文件访问机制和共享来解决这些问题，从而达到减少系统管理成本，提高数据备份和恢复功能的目的。图 4-17 给出了用户端使用 Windows10 内置资源管理器访问 NAS 设备时一个界面的截图。显然，用户可以像访问本地文件一样去访问以文件形式存储在 NAS 设备中的数据。NAS 数据存储的优点主要有：

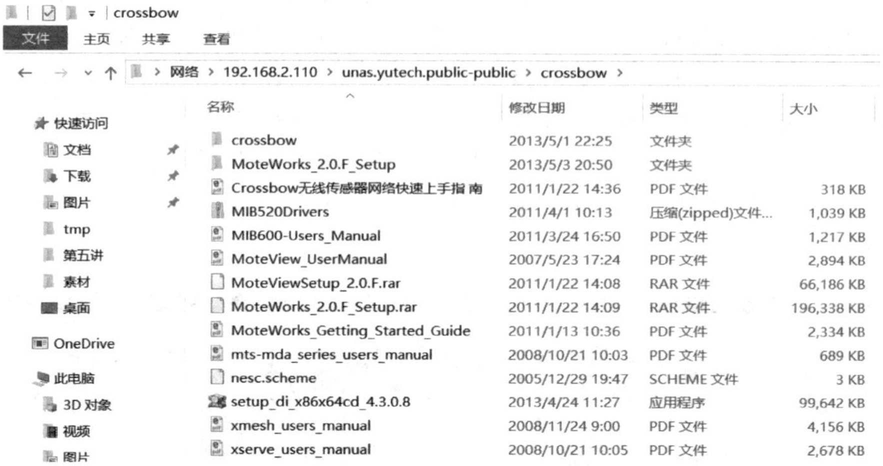

图 4-17　使用 Windows10 内置资源管理器访问 NAS 设备

1）NAS 适用于那些需要通过网络将文件数据传送到多台客户机上的用户。NAS 设备在数据必须长距离传送的环境中可以很好地发挥作用。

2）NAS 设备非常易于部署。可以使 NAS 主机、客户机和其他设备广泛分布在整个企业的网络环境中。NAS 可以提供可靠的文件级数据整合，因为文件锁定是由设备自身来处理的。

3）NAS 应用于高效的文件共享任务中，不同的主机与客户端通过文件共享协定存取 NAS 上的资料，实现文件共享功能，例如 Unix 中的 NFS 和 Windows NT 中的 CIFS，其中基于网络的文件级锁定提供了高级并发访问保护的功能。

当然，使用 NAS 设备进行数据存储，也存在着很大的局限性，典型的局限主要有：

1）NAS 设备与客户机通过计算机网络连接，因此数据备份或存储过程中会占用网络的带宽，这将影响网络上其他网络应用的运行。显然，共用网络带宽成为限制 NAS 性能的主要问题，因此实际应用中，NAS 系统数据传输速率并不是很高，千兆以太网环境中数据传输速率一般只能达到 30～50MB/s。

2）NAS 的可扩展性受到设备大小的限制。增加另一台 NAS 设备非常容易，但是要想将两个 NAS 设备的存储空间无缝合并并不容易，因为 NAS 设备通常具有独特的网络标识符，存储空间的扩大上有限，只能提供文件存储空间，不能完全满足数据库应用的要求。

3）NAS 访问需要经过文件系统格式转换，所以是以文件级来访问，不适合 Block 级的应用，尤其是不适合数据库系统使用。

4）NAS 设备前期安装以及设备成本较高。

4.2.3　存储区域网络

存储区域网络（Storage Area Network，SAN）采用网状通道（Fibre Channel，简称 FC，区别于 Fiber Channel 光纤通道）技术，通过 FC 交换机连接存储阵列和服务器主机，建立专用于数据存储的区域网络。SAN 通过专用网络连接存储，多台服务器可以通过存储网络同时访问 SAN 系统，实现存储整合数据、集中管理、扩展性高。根据 SAN 系统的接口形式不同，如光纤通道技术、SAS 接口技术，相应地为服务器配置主机光纤接口卡或 SAS 接口卡。根据应用系统的存储性能要求，可采用光纤/SAS 高性能硬盘或大容量 SATA 硬盘。SAN 系统的容量几乎可以无限扩展，可从 1TB 扩展到上百 TB，甚至 PB 以上。图 4-18 给出了一个简单 SAN 的逻辑结构。图 4-18 所示的 SAN 中，一个磁带子系统、两个磁盘阵列和两台支持服务器均和 FC 交换机连接。当外界客户/应用访问该存储区域网络时，全部存储网络只被感知为有效的存储空间。

SAN 实际是一种专门为存储建立的独立于 TCP/IP 网络之外的专用网络。目前一般的 SAN 提供 2Gb/s 到 4Gb/s 的传输效率，同时 SAN 网络独立于数据网络存在，因此存取速度很快。另外 SAN 一般采用高端的 RAID 阵列，使 SAN 的性能在几种专业存储方案中傲视群雄。SAN 由于其基础

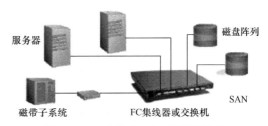

图 4-18　一个简单 SAN 的逻辑结构

是一个专用网络，因此扩展性很强。不管是在一个 SAN 系统中增加一定的存储空间还是增加几台使用存储空间的服务器，都非常方便。通过 SAN 接口的磁带机，SAN 系统可以方便高效地实现数据的集中备份。目前常见的 SAN 有 FC-SAN 和 IP-SAN，其中 FC-SAN 通过光纤通道协议转发 SCSI 协议，IP-SAN 通过 TCP 协议转发 SCSI 协议。

SAN 提供了一种与现有 LAN 连接的简易方法，并且通过同一物理通道支持广泛使用的 SCSI 和 IP 协议。SAN 不受现今主流的、基于 SCSI 存储结构的布局限制。特别重要的是，随着存储容量的爆炸性增长，SAN 允许企业独立地增加它们的存储容量。同时，SAN 的结构允许任何服务器连接到任何存储阵列，这样不管数据置放在哪里，服务器都可直接存取所需的数据。由于采用了光纤接口，SAN 还具有更高的带宽。

因为 SAN 解决方案是从基本功能剥离出存储功能，所以运行备份操作就无需考虑它们对网络总体性能的影响。SAN 方案也使得管理及集中控制简化，特别是对于全部存储设备都集群在一起的时候。最后一点，光纤接口提供了 10km 的连接长度，这使得实现物理上分离、不在机房的存储变得非常容易。

成本高、结构复杂是部署 SAN 时不得不考虑的局限性，而且这种局限性在使用光纤通道构建 SAN 时特别明显。使用光纤通道的情况下，合理的成本大约是 1kMB～2kMB 大概需要 5 万～6 万美元。从另一个角度来看，虽然新推出的基于 iSCSI 的 SAN 解决方案大约只需要 2 万～3 万美元，但其性能却无法和光纤信道相比较。在价格上的差别主要是由于 iSCSI 技术使用的是现在已经大量生产的吉比特以太网硬件，而光纤通道技术要求特定的价格昂贵的专用设备。

SAN 主要用于存储量大的工作环境，如 ISP、银行等，成本高、标准尚未确定等问题影响了 SAN 的市场，不过，随着这些用户业务量的增大，SAN 也有着广泛的应用前景。SAN 专注于企业级存储的特有问题。当前企业存储方案所遇到问题的两个根源是：数据与应用系统紧密结合所产生的结构性限制，以及小型计算机系统接口（SCSI）标准的限制。大多数分析都认为 SAN 是未来企业级的存储方案，这是因为 SAN 便于集成，

能改善数据可用性及网络性能，而且还可以减轻管理作业。经过十多年历史的发展，SAN 已经相当成熟，成为业界的事实标准（但各个厂商的光纤交换技术不完全相同，其服务器和 SAN 存储有兼容性的要求）。

4.2.4　iSCSI 技术

SCSI（Small Computer System Interface，小型计算机系统接口）是一种用于计算机和外部设备之间（硬盘、光驱、软驱、打印机等）、系统级接口的独立处理器标准，是一种通用接口标准，用于各种计算机和外部设备之间的连接。随着网络传输速度的快速提升以及存储设备本地计算能力的提升，基于 SCSI，iSCSI（发音为 /aɪskʌzi/）被应用于网络存储的实现与实践。iSCSI 是一种基于因特网及 SCSI-3 协议下的存储技术，由 IETF 提出，并于 2003 年 2 月 11 日成为正式标准。iSCSI 将 SCSI 命令封装在 TCP/IP 包里，并使用一个 iSCSI 帧头。iSCSI 基于 IP 协议栈，假设以不可靠的网络为基础，依靠 TCP 恢复丢失的数据包。iSCSI 是从服务器为中心的存储转向网络存储的重要标准，被广泛应用于 IP-SAN 的实现与构建。相比直接连接的存储，网络存储解决方案能够更加有效地共享、整合和管理资源。从服务器为中心的存储转向网络存储，依赖于数据传输技术的发展，对网络存储的速度要求与直接连接存储相当。

并行 SCSI 存储中，所有数据在没有文件系统格式化的情况下，都以块的形式存储于磁盘上。并行 SCSI 将数据以块的形式传送至存储。并行 SCSI 要求连接设备的线缆不能超过 25m，而且最多连接 16 个设备。iSCSI 应用于网络存储，需要克服上述并行 SCSI 存储的固有局限性。

iSCSI 是一种使用 TCP/IP 协议、在现有 IP 网络上传输 SCSI 块命令的工业标准。它是一种在现有的 IP 网络上无需安装单独的光纤网络即可同时传输消息和块数据的突破性技术。iSCSI 是基于应用非常广泛的 TCP/IP 协议，将 SCSI 命令/数据块封装为 iSCSI 包，再封装至 TCP 报文，然后封装到 IP 报文中。iSCSI 通过 TCP 面向连接的协议来保护数据块的可靠交付。由于 iSCSI 基于 IP 协议栈，因此可以在标准以太网设备上通过路由或交换机来传输。图 4-19 给出了基于 iSCSI 的网络存储结构的示意图。图 4-19 中，若 Initiator

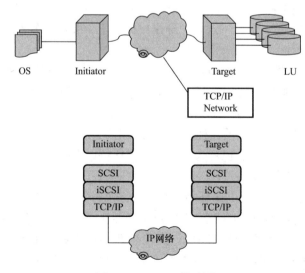

图 4-19　iSCSI 逻辑结构

和 Target 都能够支持 iSCSI 协议，端设备在配置了 Initiator 硬件的基础上，在操作系统 OS 支持下，基于 iSCSI 协议，通过 TCP 网络访问部署在网络中的 Target。

事实上，iSCSI 架构依然遵循典型的 SCSI 模式，只不过，随着光纤通道的发明，initiator 和 target 之间的 SCSI 线缆可以被支持高速数据传输的光纤线缆所代替；而随着网络传输速度的飞速提升，initiator 和 target 之间的 SCSI 线缆或光纤线缆又被价格低廉的网线和 TCP/IP 网络所替代。虽然现有的光纤存储网络具有高吞吐量的优势，但与其他厂商之间的互通性仍是一个短板。而基于成熟的 TCP/IP 协议的 iSCSI 网络，不仅免于互通性限制而且在安全性等方面具备优势。同时，由于千兆以太网甚至万兆以太网的增量部署，iSCSI 的吞吐量也会随之增加，与光纤存储网络匹敌甚至超光纤存储网络，成为存储区域网络的重要支撑技术。

常见的 iSCSI 存储系统构架有控制器系统架构、连接桥系统架构、PC 系统架构、PC＋NIC 系统架构四种。具体如下。

（1）控制器系统架构

iSCSI 的核心处理单元采用与 FC 光纤存储设备相同的结构，即采用专用的数据传输芯片、专用的 RAID 数据校验芯片、专用的高性能 cache 缓存和专用的嵌入式系统平台。打开设备机箱时可以看到 iSCSI 设备内部采用无线缆的背板结构，所有部件与背板之间通过标准或非标准的插槽连接在一起，而不是普通 PC 中的多种不同型号和规格的线缆连接。控制器架构 iSCSI 存储内部基于无线缆的背板连接方式，完全消除了连接上的单点故障，因此系统更安全，性能更稳定。一般可用于对性能的稳定性和高可用性具有较高要求的在线存储系统，比如：中小型数据库系统，大型数据的库备份系统，远程容灾系统，网站、电力或非线性编辑制作网等。

（2）连接桥系统架构

iSCSI 存储系统架构分为两个部分，一个部分是前端协议转换设备，另一个部分是后端存储。结构上类似 NAS 网关及其后端存储设备。前端协议转换部分一般为硬件设备，主机接口为千兆以太网接口，磁盘接口一般为 SCSI 接口或 FC 接口，可连接 SCSI 磁盘阵列和 FC 存储设备。通过千兆以太网主机接口对外提供 iSCSI 数据传输协议。后端存储一般采用 SCSI 磁盘阵列和 FC 存储设备，将 SCSI 磁盘阵列和 FC 存储设备的主机接口直接连接到 iSCSI 桥的磁盘接口上。iSCSI 连接桥设备本身只有协议转换功能，没有 RAID 校验和快照、卷复制等功能。创建 RAID 组、创建 LUN 等操作必须在存储设备上完成，存储设备有什么功能，整个 iSCSI 设备就具有什么样的功能。

（3）PC 系统架构

选择一个普通的、性能优良的、可支持多块磁盘的 PC（一般为 PC 服务器和工控服务器）和一款相对成熟稳定的 iSCSI target 软件，将 iSCSI target 软件安装在 PC 服务器上，使普通的 PC 服务器转变成一台 iSCSI 存储设备，并通过 PC 服务器的以太网卡对外提供 iSCSI 数据传输协议。在 PC 架构的 iSCSI 存储设备上，所有的 RAID 组校验、逻辑卷管理、iSCSI 运算、TCP/IP 运算等都是以纯软件方式实现，因此对 PC 的 CPU 和内存的性能要求较高。另外 iSCSI 存储设备的性能极容易受 PC 服务器运行状态的影响。

（4）PC＋NIC 系统架构

相比较于 PC 系统架构的低效比，基于 PC＋NIC 的系统架构是一种高效性 iSCSI 存储系统架构方案。该 iSCSI 存储系统架构方案中，通过在 PC 服务器中安装高性能的 TOE 智能 NIC 卡，将 CPU 资源需求较大的诸如 iSCSI 运算、TCP/IP 运算等数据传输的操作转移到智能卡的硬件芯片上，由智能卡的专用硬件芯片来完成 iSCSI 运算、TCP/IP 运算等，简化网络两端的内存数据交换程序，从而加速了数据传输效率，降低 PC 的 CPU 占用比，提高存储的性能。

4.2.5 云存储

云存储是在云计算（Cloud Computing）概念上延伸和衍生发展出来的一个新的概念。云存储的概念与云计算类似，它是指通过集群应用、网格技术或分布式文件系统等功能，网络中大量各种不同类型的存储设备通过应用软件集合起来协同工作，共同对外提供数据存储和业务访问功能的一个系统，保证数据的安全性并节约存储空间。简单来说，云存储就是将储存资源放到云上供人存取的一种新兴方案。使用者可以在任何时间、任何地方，透过任何可联网的装置连接到云上，方便地存取数据。

云存储（Cloud Storage）是一种网上在线存储的模式，即把数据存放在通常由第三方托管的多台虚拟服务器，而非专属的服务器上。托管（hosting）公司运营大型的数据中心，需要数据存储托管的人，则通过向其购买或租赁存储空间的方式，来满足数据存储的需求。数据中心营运商根据客户的需求，在后端准备存储虚拟化的资源，并将其以存储资源池（Storage Pool）的方式提供，客户便可自行使用此存储资源池来存放文件或对象。实际上，这些资源可能被分布在众多的服务器主机上。云存储这项服务可通过 Web 服务应用程序接口（API），或透过 Web 化的用户界面来访问。

云存储已经成为未来存储发展的一种趋势。但随着云存储技术的发展，各类搜索、应用技术和云存储相结合的应用，还需从安全性、便携性及数据访问等角度进行改进。

4.3 存储系统设计

4.3.1 SATA 硬盘和 SAS 硬盘

硬盘是个人电脑和各种服务器的主要外部存储器。目前，以接口与支持协议为区分标准，各种计算机系统普遍使用的硬盘主要有 SATA 硬盘和 SAS 硬盘两类。

（1）SATA 硬盘

目前，SATA 硬盘被主流计算机主板全面支持。SATA，即 Serial ATA（串行 ATA），全称是 Serial Advanced Technology Attachment，是由 Intel、IBM、Maxtor 和 Seagate 等公司共同提出的硬盘接口新规范。因为采用串行连接方式，所以使用 SATA 接口的硬盘又叫串口硬盘。SATA 规范将硬盘的外部传输速率理论值提高到了 150MB/s，比 Ultra ATA/100 高出 50%，比 Ultra ATA/133 也要高出约 13%。SATA2.0 接口的速率可扩展到 $2\times(300MB/s)$ 和 $4\times(600MB/s)$。而 SATA150 与 SATA2.0 的区别主要是传输数据的速度。未来的 SATA 将通过提升时钟频率来让硬盘也能超频，可彻底解决硬盘接口这一数据传输最终瓶颈。SATA 硬盘接口需要较新的主板南桥芯片来支持，如 Intel ICH6、Intel ICH7、nVidian Force4、VIAVT8237 和 Si S964 等。支持热插拔、传输速度快、执行效率高是 SATA 硬盘的主要特点。目前，SATA 规范有 1.0、2.0、3.0 三个版本，各版本 SATA 规范使用性能对比在表 4-1 中给出。需要指出的是，目前市场上的 SATA 硬盘主要是支持 SATA3.0 规范的 SATAIII 硬盘。

不同版本 **SATA** 规范使用性能对比　　　　　　　　　　　表 4-1

版本	带宽	速度	数据线最大长度
SATA 3.0	6Gb/s	600MB/s	2m
SATA 2.0	3Gb/s	300MB/s	1.5m
SATA 1.0	1.5Gb/s	150MB/s	1m

（2）SAS 硬盘

近年来，SAS（Serial Attached SCSI）接口的硬盘越来越多地应用于服务器、磁盘阵列存储系统的搭建。SAS 是串行 SCSI 技术的缩写，是一种新型的磁盘接口连接技术。它综合了现有并行 SCSI 和串行连接技术〔光纤通道、SSA（Serial Storage Architecture，串行存储结构）、IEEE1394 及 InfiniBand 等〕的优势，以串行通信为协议基础架构，采用 SCSI-3 扩展指令集并兼容 SATA 设备，是多层次的存储设备连接协议栈。目前已有 SAS 磁盘，即采用 SAS 接口的磁盘。据预测，SAS 磁盘将取代 SCSI 磁盘而成为主流的高档磁盘类型。SAS 具有如下优点。

（1）更好的性能：点到点的技术减少了地址冲突以及菊花链连接的速度损失；为每个设备提供了专用的信号通路来保证最大的带宽；全双工方式下的数据操作保证最有效的数据吞吐量。

（2）简便的线缆连接：更细的电缆搭配更小的连接器；SAS 的电缆结构节省了空间，从而提高了使用 SAS 硬盘服务器的散热、通风能力。

（3）更好的扩展性：SAS 是通用接口，支持 SAS 和 SATA，SATA 使用 SAS 控制器的信号子集，因此 SAS 控制器支持 SATA 硬盘，最多可以连接 16384 个磁盘设备，可以兼容 SATA，为用户节省投资。

4.3.2　DAS、NAS、SAN 连接对比

DAS、NAS、SAN 连接关系的对比如图 4-20 所示，其中，SW 标记的设备为网络交换机，DA 标记的设备是磁盘阵列，TL 标记的设备是磁带库，Server 标记的设备为服务器。图 4-20 中，三种形式的网络存储实现部分都使用虚线线框标识界定。显然，在图 4-20 中：①DAS 存储实现时，服务器与存储设备直接连接；②NAS 存储实现时，NAS 设备通过网络与多台服务器连接，NAS 设备与服务器共享局域网；③SAN 存储在实现时，相关的磁盘阵列、磁带库通过一个高速网络互联，该高速网络通过提供接入交换机的方式实现了外部服务器连到高速网络的接入。

需要指出的是，DAS 在实现时，既可以通过交换机实现多台服务器与多台磁盘阵列的连接，也可以使用 SCSI 技术实现一台服务器直接连接多台磁盘阵列的需求。

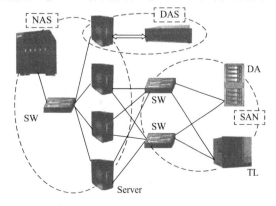

图 4-20　DAS、NAS、SAN 连接方式示意

4.3.3　面向物联网应用的存储系统解决方案

传统的存储系统对数据的存储与访问有块级、文件级等不同的形式。事实上，无论是哪个级别的存储系统，其数据都是会存储在物理的外部存储器设备上（现在最常见的外部存储器基本上就机械硬盘、固态硬盘两种）。当使用块技术来访问一段数据时，需要知道这些数据具体是存在于哪个存储设备上的位置上，例如若需要从某个块设备上读取一张照片，则需要告诉存储设备要访问某个硬盘中的位置开始到另一个位置的全部数据，硬盘的驱动程序就会将指定的数据找出；而当通过文件级技术来访问一段数据时，则需要指定数据所在的文件的名称。

对面向物联网应用的存储系统，如果数据量不是很大（如不超过 2TB）、未来系统存储需求扩展要求不高，则可以使用 DAS 技术构建存储系统：选择计算机主板支持规范的硬盘作为存储装置，将作为存储装置的硬盘使用专用数据线连接。如果数据存储需求比较大（一般不超过 50TB），也可以使用交换机的方式实现存储装置与计算机系统的直接连接，具体的连接方式可以参照图 4-12～图 4-15。这种情况下，外部存储装置一般可以用磁盘阵列，且连接外置存储系统的服务器数量不多（如不超过 4～6 台）或者服务器地理分布过于分散。

如果物联网应用基于局域网实现，并且所使用的局域网性能较好（带宽大、传输速率高），或者物联网应用对数据传输速率的要求不高，则可以使用 NAS 技术实现文件级的存储与访问需求。考虑到智能建筑中一般配备了综合布线系统，而且，随着通信技术的飞速发展，建筑物内部署万兆以太网的成本越来越能被用户接受，这种情况下，使用 NAS 即使实现文件级的存储与访问需求不仅可以显著降低服务器端的直接存储需求，还可以真正做到热插拔和即插即用的存储需求。

NAS 技术可以实现文件级的存储与访问需求，块级的数据存储与访问需求可以采用直接连接方式提供。如果直接连接方式提供的块级数据存储与访问能力不能满足应用的数据存储与访问需求，在高速网络环境下，可以使用 SAN 实现应用的。

云存储也是物联网应用可以考虑的数据存储解决方案。依据对数据的存储与访问级别需求，应用可以通过选择合适的云存储提供服务商实现对数据的文件级或者块级的存储与访问需求。

思　考　题

1. 什么是磁盘阵列？
2. RAID 有哪些不同的级别？RAID0、RAID1、RAID5 的特点是什么？
3. 以连接方式区分，网络存储在实现时常见的结构有哪些？
4. 什么是 NAS？
5. 什么是存储区域网络？
6. DAS、NAS、SAN 实现网络存储时，各自的优缺点有哪些？
7. 什么是 iSCSI 技术？
8. 什么是云存储技术？你用过的云储存方案有哪些？

第5章 应用系统设计

基于物联网技术，物联网感知系统获得的数据可以通过有效的接入和汇聚实现，将数据保存到提供数据存储与访问服务的数据库服务器中。基于保存到数据库中的数据，进一步可以实现相关的物联网应用程序。

本章关注以数据库为中心、BS 架构的物联网应用程序实现的关键技术，在给出面向 JSP 应用程序开发的 Web 服务器搭建与配置、数据库安装与配置的基础上，基于清理后的数据，实现了一个面向物联网感知数据的展示、BS 架构的 JSP 应用程序，并对应用程序的优化给出了可行的建议。

5.1 基 础 技 术

5.1.1 B/S 架构

B/S 架构即浏览器和服务器架构，是随着 Internet 技术的兴起，对 C/S 架构的一种变化或者改进的应用程序架构。在 B/S 架构下，用户工作界面是通过 WWW 浏览器来实现，极少部分事务逻辑在前端（Browser）实现，但是主要事务逻辑在服务器端（Server）实现，形成所谓三层结构。这种模式统一了客户端，将系统功能实现的核心部分集中到服务器上，简化了系统的开发、维护和使用。客户机上只要安装一个浏览器（Browser），如 Firefox 或 Internet Explorer，服务器安装 Oracle、Sybase、Informix 或 SQL Server 等数据库。浏览器通过 Web Server 同数据库进行数据交互。B/S 结构不仅简化了客户端电脑载荷，而且还可以进行信息分布式处理，在有效降低资源成本的同时提高系统的性能。由于网络的快速发展，B/S 结构的功能越来越强大，B/S 架构是有更广的应用范围。在软件的通用性上，B/S 架构的客户端具有更好的通用性，对应用环境的依赖性较小，同时因为客户端使用浏览器，在开发维护上更加便利，可以减少系统开发、维护与升级的成本和工作量，降低用户的总体成本。

在 B/S 结构中，每个节点都分布在网络上，这些网络节点可以分为浏览器端、服务器端和中间件，通过它们之间的链接和交互来完成系统的功能任务。图 5-1 给出了三层 B/S 架构的示意。三个层次的划分是从逻辑上分的，在实际应用中多根据实际物理网络进行不同的物理划分。

1）浏览器端：即用户使用的浏览器，是用户操作系统的接口，用户通过浏览器界面向服务器端提出请求，并对服务器端返回的结果进行处理并展示，可以通过展示页面将系统的逻辑功能更好地表现出来。

2）服务器端：提供数据服务，操作数据，然后把结果返回中间层，结果显示在系统界面上。

3）中间层：这是运行在浏览器和服务器之间的。这层主要完成系统逻辑，实现具体的功能，接收用户的请求并把这些请求传送给服务器，然后将服务器的结果返回给用户，浏览器端和服务器端需要交互的信息是通过中间件完成的。

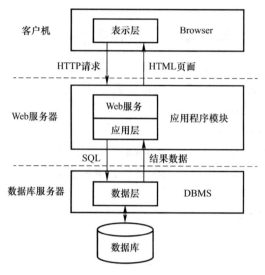

图 5-1　三层 B/S 架构

5.1.2　JAVA 运行环境的下载、安装与配置

Tomcat 服务的运行需要 JAVA 运行环境 JRE。可以通过安装 JDK〔JAVA（TM）SE Development Kit〕获得 JAVA 运行环境，也可以单独安装 JRE，建议安装 JDK。合适版本的 JDK 可以从 Java SE Downloads 入口地址获得。本书使用的是文件名为 jdk-13.0.1_windows-x64_bin.exe 的版本，适用于 Windows10 专业版。相关下载地址详见附录 1。

鼠标左键双击 JDK 安装文件 jdk-13.0.1_windows-x64_bin.exe 即可启动 JDK 的安装过程，在每一个询问窗体都采用默认的设置（也可以根据需求自行设置适合用户的参数），直接点击下一步按钮，直至安装完成并点击关闭按钮完成安装程序的执行。全部采用默认设置的 JDK 安装路径为 C:\ Program Files \ Java \ jdk-13.0.1。安装完成后，为了能够确保应用程序使用 JAVA 运行环境，需要设置 JAVA_HOME、Path、CLASSPATH 等环境变量。

1）增加系统环境变量 JAVA_HOME，取值为 C:\Program Files \ Java \ jdk-13.0.1。

2）修改环境变量 Path，在原变量值的最后增加赋值 ".;%JAVA_HOME% \ bin;%JAVA_HOME% \ lib"。

3）新建环境变量 CLASSPATH，取值为 ".;%JAVA_HOME% \ lib"。

需要指出的是，Windows10 环境中，当使用系统自带的环境变量编辑器为 Path、CLASSPATH 等环境变量赋值时，由于需要指定/追加多个值，因此需要执行多次增加操作，每次只能增加一个值。上述操作的结果如图 5-2 所示中环境变量赋值区域中的最后三行所示：Path 环境变量增加的赋值 "." "%JAVA_HOME% \ bin" "%JAVA_HOME% \ lib" 被分别增加。否则，若仅仅新建一行并将该行赋值用字符串 ".;%JAVA_HOME% \ bin;%JAVA_HOME% \ lib" 填充，系统将无法自动寻找到 JDK

的运行环境。

图 5-2　环境变量 Path 的追加赋值

JAVA_HOME、Path、CLASSPATH 等环境变量设置完成后，可以使用 cmd 命令启动 Windows10 自带的命令行程序，在命令行程序中执行 "java -version" 命令，若输出类似图 5-3 所示，则 JAVA 运行环境安装和配置正确。

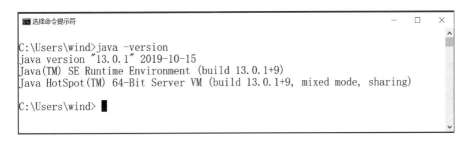

图 5-3　JAVA 运行环境安装与配置正确性测试

5.1.3　Tomcat 的安装与配置

Tomcat 服务器是一个免费的开放源代码的 Web 应用服务器，属于轻量级应用服务器，在中小型系统和并发访问用户不是很多的场合下被普遍使用，是开发和调试 JSP 程序的首选。Tomcat 是 Apache 软件基金会（Apache Software Foundation）的 Jakarta 项目中的一个核心项目，由 Apache、Sun 和其他一些公司及个人共同开发而成。由于有了 Sun 的参与和支持，最新的 Servlet 和 JSP 规范总是能在 Tomcat 中得到体现，Tomcat 5 支持最新的 Servlet 2.4 和 JSP 2.0 规范。因为 Tomcat 技术先进、性能稳定，而且免费，因而深受 Java 爱好者的喜爱并得到了部分软件开发商的认可，成为目前比较流行的 Web 应用服务器。

Apache ＋ Tomcat 是一种常见的 JSP Web 服务器解决方案。初学者可以这样认为，当在一台机器上配置好 Apache 服务器和 Tomcat 服务器后，可利用 Apache 响应 HTML（标准通用标记语言下的一个应用）页面的访问请求，而当有 JSP 访问请求时，Apache 请求 Tomcat 完成相应的请求，即可以将 Tomcat 视作 Apache 的扩展服务提供者。虽然 Tomcat 是 Apache 服务器的扩展，但运行时，Tomcat 是独立运行的，即 Tomcat 运行时，它实际上作为一个与 Apache 独立的进程单独运行。

Tomcat 的安装包可以从其官方网站下载。如图 5-4 所示的 Tomcat 官方网站主页面中，在左部区域的 Download 部分点击 Tomcat9 链接，可以跳转到如图 5-5 所示的 Tomcat9 下载页面。在 Tomcat9 下载页面，点击 "32-bit/64-bit Windows Service Installer" 链接可以下载 Tomcat 的安装文件。apache-tomcat-9.0.27.exe 是本书编著时下载的 Tomcat9 的安装文件。Tomcat 官方网站详见附录 1。

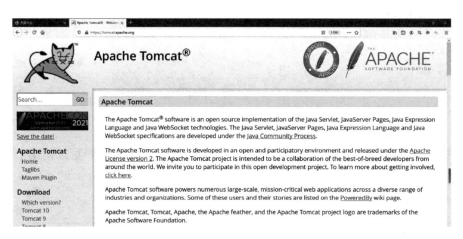

图 5-4　Tomcat 官网主界面

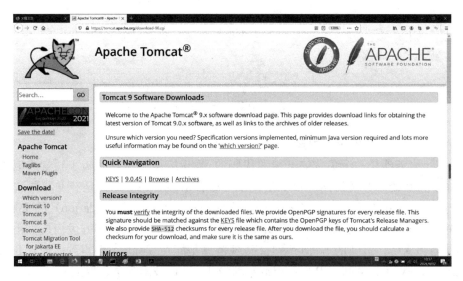

图 5-5　TomcatTomcat9 下载页面

右键单击 Tomcat9 的安装文件，选择以管理员身份运行启动 Tomcat9 的安装。操作如图 5-6 所示。Tomcat9 的安装启动后，首先会弹出如图 5-7 所示的 Tomcat 安装启动窗体，在启动窗体中点击 Next 按钮继续安装，单击 Cancel 按钮可以取消安装。

图 5-6　以管理员身份启动 Tomcat 安装

图 5-7　Tomcat 安装启动窗体

在图 5-7 所示的 Tomcat 安装启动窗体中单击 Next 按钮后，图 5-8 所示的 Tomcat 的安装许可窗体弹出，点击 I Agree 按钮后继续安装，弹出图 5-9 所示的窗体。

图 5-8　Tomcat 安装许可证

在图 5-9 所示的窗体中选择安装的类型，对于初学者，建议选择 Full 安装类型，一般可以选择 Normal 类型；若只需要提供 JSP 的解释服务，可以选择最小安装类型 Minimum。当然用户也可以选择 Custom 安装类型，并在下面的选择区域类型选择需要安装的组件。本书选择的安装类型为 Full。在图 5-9 所示的安装类型选择窗体，之后点击 Next 按钮继续 Tomcat 的安装，出现图 5-10 所示的 Tomcat 服务与管理运行需要参数的配置窗体。建议指定可选项 Tomcat Administrator Login 中的用户名和密码，其他的都使用默认值，不做任何修改。然后点击 Next 按钮继续安装，弹出窗体如图 5-11 所示。需要在该窗体中设定 Java 虚拟机的安装位置：Java 虚拟机的安装位置为 Java 运行环境或者 JRE 的安装路径。

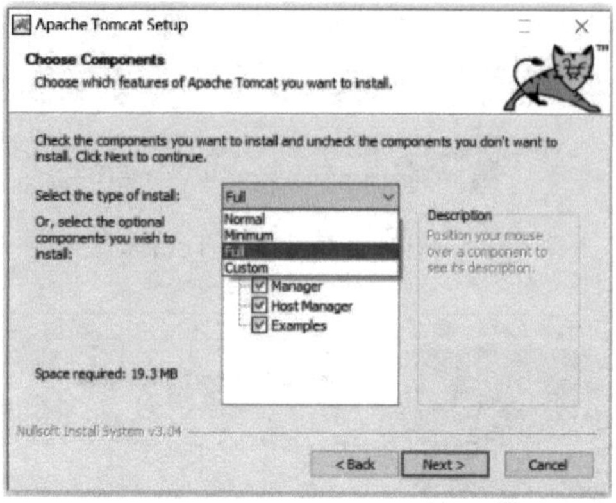

图 5-9　Tomcat 安装类型选择

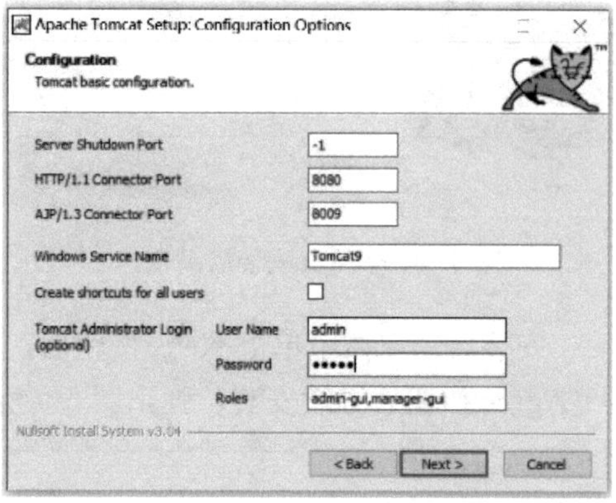

图 5-10　Tomcat 运行参数的配置

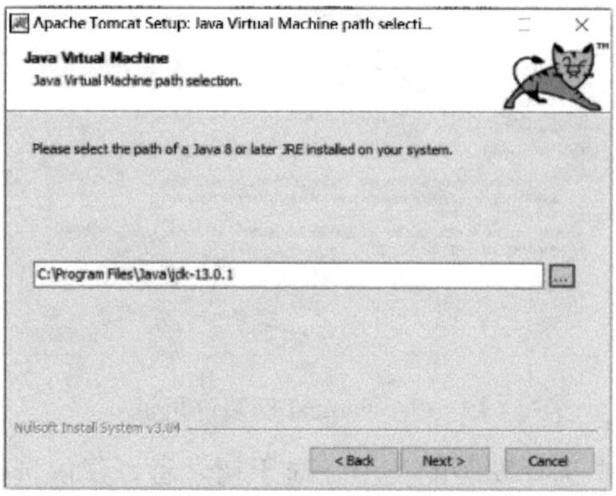

图 5-11　指定 JAVA 虚拟机位置

在图 5-11 所示的窗体中设定 Java 虚拟机的安装位置后，点击 Next 按钮继续安装，弹出窗体如图 5-12 所示。需要在图 5-12 所示的窗体中设定 Tomcat 的安装路径：安装路径既可以通过点击 Browse 按钮通过文件浏览器的导航获得，也可以直接将安装路径的字符串填写到输入框里。本书中，Tomcat 的安装路径设置为"C:\Program Files\Apache Software Foundation\Tomcat 9.0"。设定完成的 Tomcat 的安装路径后，点击"Install"按钮继续安装，弹出窗体如图 5-13 所示。

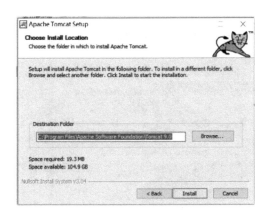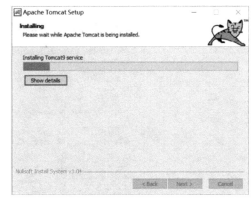

图 5-12　设置 Tomcat 安装位置　　　　图 5-13 Tomcat 安装进行中（1）

图 5-13 所示的窗体以进度条的方式显示 Tomcat 服务的安装进度。在图 5-13 所示的窗体上点击 Show details 按钮，可以在如图 5-14 所示的窗体中看到安装程序正在进行的安装任务。安装完成后，系统弹出窗体如图 5-15 所示。在如图 5-15 所示的窗体中，至少选中 Run Apache Tomcat，点击 Finish 按钮结束 Tomcat 的安装。

Tomcat 安装完成后，启动 Web 浏览器（本书使用的浏览器为 FireFox），在 URL 地址栏输入 http://127.0.0.1:8080/，若 Web 浏览器显示的页面如图 5-16 所示，则表明 Tomcat 提供的 Web 服务器工作正常。

可以使用 Tomcat 的自带的 Configure Tomcat 工具配置管理 Tomcat 服务。使用 Configure Tomcat 工具，不仅可以启动或者停止 Tomcat 服务，还可以设置登录日志、Java 环境等参数，这些本书不再赘述。

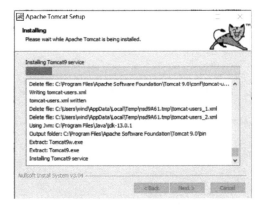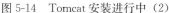

图 5-14　Tomcat 安装进行中（2）　　　　图 5-15　Tomcat 安装完成

虽然可以使用 Tomcat 安装时已经配置好、名称为 Catalina 的 Service 开发用户的应用程序，但由于本书安装 Tomcat 的安装路径为 C:\ Program Files\Apache Software

Foundation\Tomcat 9.0，而 C:\Program Files\ 是系统文件夹，出于对系统安全性的考虑，同时考虑到需要对普通用户的访问进行专门的权限设置，不建议用户程序使用存储位置 C:\Program Files\Apache Software Foundation\Tomcat 9.0\webapps 部署 Web 应用。本书实现的 Web 应用是一个 JSP 应用程序，Web 服务使用端口号为 7788，该 Web 服务的实现步骤如下。

图 5-16 Tomcat 安装成功后的本地 Tomcat 服务主页

（1）打开 Tomcat 的安装目录，打开文件夹 conf。本书的 Tomcat 安装目录为 C:\Program Files\Apache Software Foundation\Tomcat 9.0。

（2）使用文本编辑器打开 server.xml，将表 5-1 中的代码插入到 server.xml 文件最后的＜/Server＞标记之前（不修改其他内容）后存盘退出。

插入到 server.xml 中的 Service   表 5-1

```
    <Service name = "iot2014">
<Connector port = "7788" protocol = "HTTP/1.1" connectionTimeout = "20000"
    redirectPort = "8443" />
    <Connector port = "8019" protocol = "AJP/1.3" redirectPort = "8443" />
    <Engine name = "iotApp" defaultHost = "myWeb">
<Realm className = "org.apache.catalina.realm.UserDatabaseRealm"
    resourceName = "UserDatabase"/>
    <Host name = "myWeb" appBase = "D:/web/iot2014" unpackWARs = "true"autoDeploy = "true">
    <Alias>iotAppWeb</Alias>
    <Valve className = "org.apache.catalina.valves.AccessLogValve" directory = "logs"
prefix = "iotApp_myWeb_log" suffix = ".txt"
pattern = "%h %l %u %t &quot;%r&quot; %s %b" />
    </Host>
    </Engine>
</Service>
```

（3）在刚刚建立的 conf 文件夹中创建文件夹 iotApp。

（4）在 iotApp 文件夹中创建文件夹 myWeb。

（5）在 myWeb 文件夹中创建文件 ROOT.xml。文件 ROOT.xml 的内容如表 5-2 所

示。需要注意的是，文件 ROOT.xml 文件名中的"ROOT"必须是大写。

文件 ROOT.xml	表 5-2

```
<? xml version ='1.0' encoding ='utf-8' ? >
<Context displayName = "my first service" docBase = "D:/web/iot2014"path = ""
  useNaming = "false" WorkDir = "work\iotApp\myWeb\_">
</Context>
```

（6）在 D 盘根目录下建立文件夹 web；在刚刚创建的 web 文件夹中创建文件夹 iot2014，将本书随书资料中的 WEB-INF.rar 解压到该文件夹。解压完成后，WEB-INF 文件夹将在 iot2014 文件夹中被创建，而 WEB-INF 中的内容如图 5-18 所示。

（7）在步骤 7 中创建的文件夹 iot2014 中创建文件 index.html，index.html 的内容在表 5-3 中给出。

（8）重启 Tomcat 服务，使用图 5-17 所示的 Configure tomcat 工具停止 Tomcat 服务后再启动 Tomcat 服务。

图 5-17　Configure Tomcat 主界面

图 5-18　解压缩后创建的文件夹 WEB-INF

使用 Web 浏览器访问 URL 地址 http://127.0.0.1:7788,若显示的网页如图 5-19 所示,则使用端口 7788 的 JSP Web 服务构建成功。

文件 index. html   表 5-3

```
<!DOCTYPE html PUBLIC "-//W3C//DTD XHTML 1.0 Transitional//EN"
  "http://www.w3.org/TR/xhtml1/DTD/xhtml1-transitional.dtd">
<html xmlns="http://www.w3.org/1999/xhtml">
<head>
<meta http-equiv="Content-Language" content="zh-cn" />
<meta http-equiv="Content-Type" content="text/html; charset=utf-8" />
<title>Hello, world! </title>
</head>
<body>
<br><br><br><br>
<p><span class="style2">你好,建筑物联网</span></p>
</body>
</html>
```

表 5-1 中插入到 server. xml 的 Service 定义了一个 Web 服务:①第一个连接器(Connector)监听 7788 端口,负责建立 HTTP 连接。在通过浏览器访问 Tomcat 服务器的 Web 应用时,使用的就是这个连接器;②第二个连接器监听 8019 端口,负责和其他的 HTTP 服务器建立连接。在把 Tomcat 与其他 HTTP 服务器集成时,就需要用到这个连接器。AJP 连接器可以通过 AJP 协议和一个 Web 容器进行交互;③Web 应用部署在 D:\web\iot2014;④引擎(虚拟主机的集合)的名称为 iotApp,默认主机的名称为 my-Web。

图 5-19　JSP Web 服务构建测试页面

表 5-2 给出的文件 ROOT. xml 说明了 Web 应用部署在 D:\web\iot2014,而工作目录安装在 Tomcat 安装目录下,相对 Tomcat 安装目录的相对路径为 work\iotApp\myWeb。

表 5-1、表 5-2 的更多参数与术语的理解可以通过阅读 Tomcat 的联机文档获得。本书安装与配置的 Tomcat 服务中,其联机页面的 URL 为 http://127.0.0.1:8080/。

5.1.4　HTML

自 1990 年以来,HTML(HyperText Marked Language)就一直被用作 WWW 的信息表示语言,使用 HTML 语言描述的文件需要通过 WWW 浏览器显示出效果。HTML 是一种建立网页文件的语言,通过标记式的指令(Tag),将影像、声音、图片、文字动画、影视等内容显示出来。事实上,每一个 HTML 文档都是一种静态的网页文件,这个文件里面包含了 HTML 指令代码，这些指令代码并不是一种程序语言，只是一种排版网页中资料显示位置的标记结构语言，易学易懂，非常简单。HTML 的普遍应用带来了超文本的技术，通过单击鼠标从一个主题跳转到另一个主题，从一个页面跳转到另一个页面，世界各地主机的文件链接的超文本传输协议规定了浏览器在运行 HTML 文档时所遵循的规则和进行的操作。HTTP 协议的制定使浏览器在运行超文本时有了统一的规则和标准。

一个网页对应多个 HTML 文件，超文本标记语言文件以 .htm 为扩展名或 .html 为扩展名。可以使用任何能够生成 TXT 类型源文件的文本编辑器来产生超文本标记语言文件，只用修改文件后缀即可。标准的超文本标记语言文件都具有一个基本的整体结构，标记一般都是成对出现（部分标记除外例如：
），即超文本标记语言文件的开头与结尾标志头部与实体两大部分。<html></html>、<head></head>、<body></body>等三对标记符用于页面整体结构的确认。

（1）<html></html>：标记符<html>说明该文件是用超文本标记语言（本标签的中文全称）来描述的，它是文件的开头；而</html>则表示该文件的结尾，它们是超文本标记语言文件的开始标记和结尾标记。

（2）<head></head>：这 2 个标记符分别表示头部信息的开始和结尾。头部中包含的标记是页面的标题、序言、说明等内容，它本身不作为内容来显示，但影响网页显示的效果。头部中最常用的标记符是标题标记符和 meta 标记符，其中标题标记符用于定义网页的标题，它的内容显示在网页窗口的标题栏中，网页标题可被浏览器用作书签和收藏清单。

（3）<body></body>：网页中显示的实际内容均包含在这 2 个正文标记符之间。正文标记符又被称为实体标记。

5.1.5　Java Server Pages

Java Server Pages（JSP）是由 Sun Microsystems 公司主导创建的一种动态网页技术标准。JSP 部署于网络服务器上，可以响应客户端发送的请求，并根据请求内容动态地生成 HTML、XML 或其他格式文档的 Web 网页，然后返回给请求者。JSP 技术以 Java 语言作为脚本语言，为用户的 HTTP 请求提供服务，并能与服务器上的其他 Java 程序共同处理复杂的业务需求。

JSP 将 Java 代码和特定变动内容嵌入到静态的页面中，实现以静态页面为模板，动态生成其中的部分内容。JSP 引入了被称为"JSP 动作"的 XML 标签，用来调用内建功能。JSP 使用 JSP 标签在 HTML 网页中插入 Java 代码，标签通常以<%开头、以%>结束。

JSP 是一种 Java Servlet，主要用于实现 Java Web 应用程序的用户界面部分。网页开发者们通过结合 HTML 代码、XHTML 代码、XML 元素以及嵌入 JSP 操作和命令来编写 JSP。JSP 的特色主要有：

（1）JSP 通过网页表单获取用户输入数据、访问数据库及其他数据源，然后动态地创建网页。

（2）JSP 标签有多种功能，比如访问数据库、记录用户选择信息、访问 JavaBeans 组件等，还可以在不同网页中传递控制信息和共享信息。

（3）JSP 页面可以与处理业务逻辑的 Servlet 一起使用，这种模式被 Java Servlet 模板引擎所支持。

（4）JSP 是 Java EE 不可或缺的一部分，是一个完整的企业级应用平台。这意味着 JSP 可以用最简单的方式来实现最复杂的应用。

JSP 的动态部分用 Java 编写，功能强大且易于移植到非 MS 平台上。与 Servlet 相比，JSP 可以很方便地编写或者修改 HTML 网页而不用去面对大量的 println 语句。

JSP 将 Java 代码和特定变动内容嵌入到静态的页面中，实现以静态页面为模板，动态生成其中的部分内容。JSP 文件在运行时会被其编译器转换成更原始的 Servlet 代码。JSP 编译器可以把 JSP 文件编译成用 Java 代码写的 Servlet，然后再由 Java 编译器来编译成能快速执行的二进制机器码，也可以直接编译成二进制码。

5.2 应用系统设计实现

在第 3 章实现的汇聚程序 datumCollect 将采集到的建筑物内的温度、湿度数据保存到 SQL Server 2014 数据库 iotTech 中，保存这些数据表格的名称为 iotData，该表格各字段的名称、类型及其备注信息在表 5-1 中给出。可以在 SQL Server 2014 Management Studio 中使用表格设计器，依据表 5-4 中的信息完成表格 iotData 的创建，也可以在 SQL Server 2014 Management Studio 中的查询编辑器中执行表 5-5 中的 SQL 文创建该表格。如果需要，也可以在第三方的 SQL 查询编辑器内，或者特定编程语言提供的编程接口执行表 5-5 中的 SQL 文完成该表格的创建。

iotData 字段说明　　　　　　　　　　　　　　　　　　　　　　　　　　　　表 5-4

字段名	类型	备注
dataID	int	标识，从 1 开始递增，每次自增 1
nodeID	nchar（16）	感知节点的名称，任意两个节点的名称都不相同，允许空值
frameCounter	int	每个感知节点发送数据次数的计数，允许空值
tempValue	float	温度值，允许空值
humValue	float	湿度值，允许空值
collectedDate	datetime	采集到温度、湿度数据时的时间，允许空值
insertDate	datetime	数据插入到数据库的时间，默认值为 getdate（）

创建 iotData 的 SQL 文　　　　　　　　　　　　　　　　　　　　　　　　表 5-5

```
USE iotTech
GO
ALTER TABLE iotData DROP CONSTRAINT DF_iotData_insertDate
GO
DROP TABLE iotData
GO
SET ANSI_NULLS ON
GO
SET QUOTED_IDENTIFIER ON
GO
CREATE TABLE iotData(
  dataID int IDENTITY(1,1) NOT NULL,
  nodeID nchar(16) NULL,
```

```
   frameCounter int NULL,
   tempValue float NULL,
   humValue float NULL,
   collectedDate datetime NULL,
   insertDate datetime NULL
) ON PRIMARY
GO
ALTER TABLE iotData ADD CONSTRAINT DF_iotData_insertDate  DEFAULT (getdate()) FOR insertDate
GO
```

如果在使用 SQL Server 2014 Management Studio 中的表格设计器对 iotData 进行编辑后保存，出现保存失败提示时，可以在 SQL Server 2014 Management Studio 中通过选中菜单栏的工具栏，按照"工具→选项→设计器→表设计器和数据库设计器"顺序找到阻止保存要求重新创建表的更改选项，将该选项前复选框中的√去掉后再尝试保存修改后的表格。

在数据库 iotTech 的表格 iotData 中保存了感知节点采集到的建筑物内的温度、湿度数据，采集这些数据感知节点的名称以及一些时间相关的数据。基于这些数据，可以面向具体的应用场景开发特色的物联网应用。本节将以展示建筑物内温湿度的变化为目标，设计一个名称为 temperatureHumidityInBuilding 的物联网应用。

5.2.1 需求分析

temperatureHumidityInBuilding 是一个 B/S 架构的物联网应用。基于数据库 iotTech 中 iotData 表格内的数据，该应用需要展示建筑物内温湿度。该应用程序需要满足：

（1）支持用户通过客户端通过 Web 浏览器从全部感知节点中选择一个感知节点作为指定节点。

（2）展示指定感知节点最近采集到的 10 个温度数据以及采集这些温度数据的时刻。

（3）展示指定感知节点最近采集到的 10 个湿度数据以及采集这些湿度数据的时刻。

（4）展示指定感知节点最近采集到的 10 个温度数据的最大、最小值。

（5）展示指定感知节点最近采集到的 10 个湿度数据的最大、最小值。

（6）使用 Tomcat 实现的 Web 服务部署在本机，该 Web 服务器通过 7788 端口访问。

（7）客户端使用 Web 浏览器访问如下的 URL 使用该 Web 应用：

http://127.0.0.1：7788/temperatureHumidityInBuilding.jsp。

上述需求中，需求 1～需求 5 描述了对应用 temperatureHumidityInBuilding 功能上的要求，而需求 6 和需求 7 描述了对应用 temperatureHumidityInBuilding 部署上的要求。对需求 6，本机部署的使用 Tomcat 实现的 Web 服务的配置在 5.1.3 节已经完成，该 Web 服务为 Web 浏览器提供了使用 7788 端口和 HTTP 协议的访问途径；对需求 7，只需要将 temperatureHumidityInBuilding 应用的入口访问页面 temperatureHumidityInBuilding.jsp 保存到提供 http://127.0.0.1:7788 访问的 Web 服务的根目录里，即可以在 Web 浏览器上通过输入 URL 地址 http://127.0.0.1:7788/temperatureHumidityInBuilding.jsp 启动物联网应用 temperatureHumidityInBuilding。

5.2.2 概要设计

根据需求 1～需求 5 中对应用 temperatureHumidityInBuilding 功能的要求，物联网应用 temperatureHumidityInBuilding 需要实现的功能可以划分为如图 5-20 所示的参数设定模块、当前感知节点设定模块、温度湿度数据显示模块、温度最大最小值显示模块、湿度最大最小值显示模块五个模块。而温度湿度数据显示模块、温度最大最小值显示模块、湿度最大最小值显示模块三个数据显示模块可以归纳为一个数据展示模块。具体的：

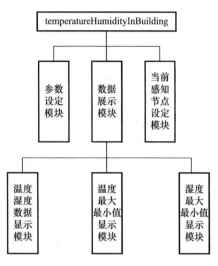

图 5-20　temperatureHumidity
InBuilding 应用功能框架

（1）参数设定模块（parameterConfig）

该模块的名称为 parameterConfig。除参数设定模块外和当前感知节点设定模块外，应用 temperature-HumidityInBuilding 的其他四个功能模块都是数据处理以及数据处理结果的显示模块，而这些模块功能的完成首先都以感知节点的指定（当前感知节点）、最近采集到数据的数量为基本输入，其次这些模块功能的完成都以能够访问数据库 iotTech 中的数据包 iotData 为前提。因此，当前感知节点、最近采集到数据的数量以及程序内访问数据库的相关句柄变量都是这四个模块的共享变量。考虑到当前感知节点设定模块可以修改当前感知节点信息，应用 temperatureHumidityIn-Building 使用全局变量的方式实现了这五个模块对这些共享变量的共享，而这些共享变量的初始化由参数设定模块 parameterConfig 完成。

（2）当前感知节点设定模块（currentPerceptionNodeConfig）

该模块的名称为 currentPerceptionNodeConfig。当前感知节点设定模块提供了由用户在浏览器端切换当前感知节点的功能。在当前感知节点被切换后，温度显示模块、湿度显示模块、温度分布直方图显示模块、湿度分布直方图显示模块将根据切换后的当前感知节点更新显示的内容。

（3）温度湿度数据显示模块（temperatureHumidityDisplay）

该模块的名称为 temperatureHumidityDisplay。温度湿度数据显示模块 temperatureHumidityDisplay 负责从数据库 iotTech 的表格 iotData 中提取当前感知节点最近发送的指定数量的温度数据和湿度数据以及采集这些数据的时间，并以合适的方式在 Web 浏览器中展示。

（4）温度最大最小值显示模块（temperatureMinMaxDisplay）

该模块的名称为 temperatureMinMaxDisplay。温度分布直方图显示模块 temperatureMinMaxDisplay 负责从数据库 iotTech 的表格 iotData 中提取当前感知节点最近发送的指定数量的温度数据后，构造这些温度数据的最大、最小值，并以合适的方式在 Web 浏览器中展示。

（5）湿度最大最小值显示模块（humidityMinMaxDisplay）

该模块的名称为 humidityMinMaxDisplay。湿度分布直方图显示模块 humidityMinMax-Display 负责从数据库 iotTech 的表格 iotData 中提取当前感知节点最近发送的指定数量的湿度数据后，构造这些湿度数据的最大、最小值，并以合适的方式在 Web 浏览器中展示。

5.2.3　详细设计

temperatureHumidityInBuilding 是一个 B/S 架构的应用程序，该应用程序展示了当前感知节点最近一段时间内采集得到的温度、湿度数据以及这些温度、湿度数据的最小值和最大值。对概要设计规定的每一个功能模块，具体设计如下：

1）参数设定模块（parameterConfig）

temperatureHumidityInBuilding 应用的参数主要有数据库服务器的 IP 地址 ip＿address、数据库的名称 dbName、数据库访问用户名 accessUser、数据库访问密码 accessPasswd、当前感知节点的名称 currentNodeID、当前感知节点最近一段时间内采集得到的温度（湿度）数据的数量 N 等。这些参数可以分为数据库访问设置（ip＿address、dbName、accessUser、accessPasswd）参数以及数据访问参数（N、currentNodeID）两部分。其中，数据库访问设置相关参数在 Web 应用部署文件夹下的文件"WEB-INF \classes \casper. properties"中配置。设 ip＿address 的取值为 127. 0. 0. 1、dbName 的取值为 iotTech、accessUser 的取值为 sa、accessPasswd 的取值为 XXXXXXXX，则使用任意文本编辑器将文件"WE-INF \classes \casper. properties"的最后四行修改为如表 5-6 所示的文本。

数据库访问相关参数设置　　　　　　　　　　　　　　　　　　　　　表 5-6

db. access. url = jdbc:sqlserver://127. 0. 0. 1:1433;DatabaseName = iotTech
db. access. maxconn = 0
db. access. user = sa
db. access. password = XXXXXXXX

对数据访问参数 N、currentNodeID，N 的默认值为 10，而 currentNodeID 需要对 iotTech 数据库中 iotData 表的 nodeID 字段取值汇总后按照一定的策略确定一个。图 5-22 给出了数据访问参数 N、currentNodeID 的设置流程，其中，currentNodeID 的取值为以 sql＿txt 为 SQL 文的 SQL 查询返回第一条记录中 nodeID 字段的取值，其中，sql＿txt = "select nodeID from iotData group by nodeID order by nodeID asc"。

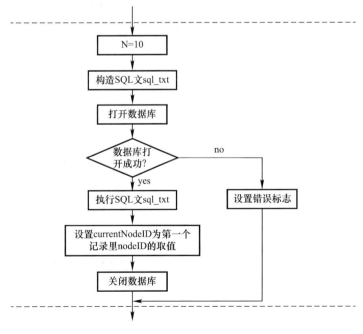

图 5-21　数据访问参数设置流程

2）当前感知节点设定模块（currentPerceptionNodeConfig）

temperatureHumidityInBuilding 是一个 B/S 架构的应用，用户可以在 Web 浏览器中指定当前感知节点，并在设定当前感知节点后通知 Web 服务器刷新各个数据显示模块需要显示的内容。Web 浏览器（客户端）需要：①使用 HTML form 表单以 post 方式向 Web 服务器通知当前感知节点变化情况；②使用 HTML 下拉列表（select 标签）提供全部的感知节点名称；而应用的服务端需要：①解析客户端提交的新的当前感知节点；②将新的感知节点通知各数据显示模块。

在 Web 浏览器端需要显示的 HTML form 表单 selectCurrentNode 以及下拉列表（select 标签）nodeSelect 的效果如图 5-22 所示，其描述性 HTML 代码在表 5-7 中给出。

在图 5-22 所示的 selectCurrentNode 表单与下拉菜单 nodeSelect 效果中，单击下拉菜单 nodeSelect 部分，全部选项弹出供用户选择。当下拉列表选中的内容变化时，下拉菜单 nodeSelect 的 onchange 事件被激活，其处理函数 selectOnchange（）被执行。设 nodeSelect 的取值被选定为 YYYYYY，则 selectOnchange（）函数首先设定 selectCurrentNode 表单的 action 动作为 right. jsp? current _ pNode＝YYYYYY，然后执行表单的 submit（）动作，这样，下拉菜单 nodeSelect 的当前值 YYYYYY 也就被以 post 方式提交给服务器端的处理程序。图 5-23 给出了 nodeSelect 下拉菜单 onchange 事件响应函数 selectOnchange（）的流程，而图 5-24 给出了 selectCurrentNode 表单以及 nodeSelect 下拉菜单 HTML 编码的生成流程，其负责生成表 5-7 示意的表单 selectCurrentNode 与下拉菜单 nodeSelect 的 HTML 编码。图 5-24 在生成相关 HTML 编码时，首先生成表单 selectCurrentNode 头部的 HTML 编码以及下拉菜单 nodeSelect 头部的 HTML 编码，然后根据数据表 iotData 的 nodeID 字段的取值生成下拉菜单 nodeSelect 每一个选项的编码，最后生成下拉菜单 nodeSelect 尾部的 HTML 编码以及 selectCurrentNode 表单尾部的编码。

图 5-22　表单与下拉表单效果

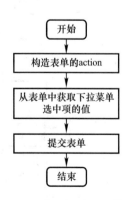

图 5-23　selectOnchange 的流程

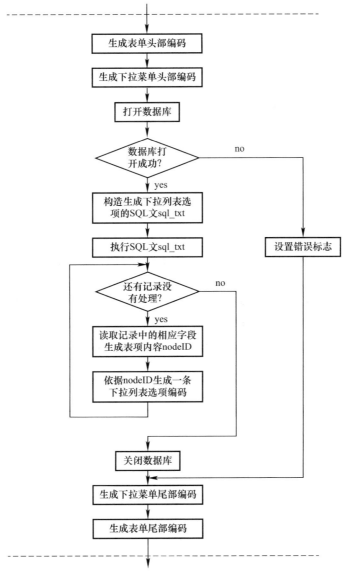

图 5-24　selectCurrentNode 表单编码生成的流程

表单与下拉菜单编码　　　　　　　　　　　　　　　　　　　　　　表 5-7

```
<form method = "post" name = "selectCurrentNode">
<span class = "style3">当前感知节点:</span>
    <select name = "nodeSelect" style = "width: 169px" onchange = "
return selectOnchange()">
<option selected = "selected">D0ABD5BB3A70</option>
    <option>D0ABD5BB3A71</option>
    <option>D0ABD5BB3A72</option>
    <option>D0ABD5BB3A73</option>
    <option>D0ABD5BB3A74</option>
    <option>D0ABD5BB3A75</option>
    <option>D0ABD5BB3A76</option>
    <option>D0ABD5BB3A77</option>
```

```
       <option>D0ABD5BB3A78</option>
       <option>D0ABD5BB3A79</option>
       <option>D0ABD5BB3A7A</option>
       <option>D0ABD5BB3A7B</option>
       <option>D0ABD5BB3A7C</option>
       <option>D0ABD5BB3A7D</option>
       <option>D0ABD5BB3A7E</option>
       <option>D0ABD5BB3A7F</option>
    </select>
  </form>
```

3）温度湿度数据显示模块（temperatureHumidityDisplay）

温度湿度数据显示模块 temperatureHumidityDisplay 负责从数据库 iotTech 的表格 iotData 中提取当前感知节点最近发送的 N 条数据（温度、湿度、采集时间）在一张 N 行 3 列的表格中显示：第一列显示温度数据，第二列显示湿度数据，第三列显示采集时间数据；一条数据一行。温度湿度显示表格内容编码的生成流程由图 5-26 给出。图 5-25 中"构造获取目标数据的 SQL 文 sql＿txt"是指从 iotData 中查询最近 N 条温度、湿度、采集时间的 SQL 文。设 N＝10，则 sql＿txt 形如"select top 10 tempValue, humValue, collectedDate from iotData where nodeID＝'YYYYYY' order by dataID desc"，其中 YYYYYY 为当前感知节点的名称。

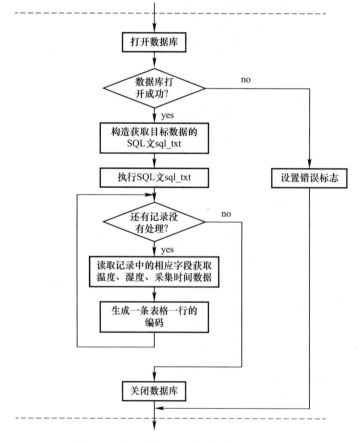

图 5-25　温度湿度显示表格内容编码的生成

4）温度最大最小值显示模块（temperatureMinMaxDisplay）

温度最大最小值显示模块 temperatureMinMaxDisplay 负责从数据库 iotTech 的表格 iotData 中提取当前感知节点最近发送的 N 条数据（温度、湿度、采集时间）中温度的最大最小值，并在一张如图 5-26 所示的 3 行 3 列的表格中显示：第一列显示数据类别，第二列显示最小值数据，第三列显示最大值数据；数据类别有温度、湿度两种。

	最小值	最大值
温度	22.109632	22.868504
湿度	53.659554	57.750893

图 5-26　温度湿度最小最大值显示用表格样式

图 5-28 所示的流程中，变量 tMin、tMax 分别表示温度的最小值和最大值，变量 hMin、hMax 分别表示温度的最小值和最大值。图 5-27 给出了全部最近 N 条温度、湿度数据中，温度与湿度最小值和最大值的获取流程。其中，最近 N 条温度、湿度数据是指从 iotData 中查询获得的最近采集的 N 条温度、湿度数据。设 N=10，则查询这些数据的 SQL 文 sql_txt 的内容为 "select top 10 tempValue，humValue from iotData where nodeID='YYYYYY' order by dataID desc"，其中 YYYYYY 为当前感知节点的名称。

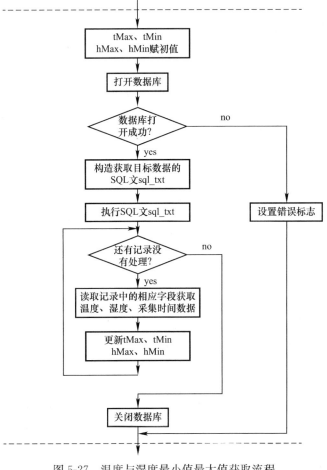

图 5-27　温度与湿度最小值最大值获取流程

在获取了全部最近 N 条温度、湿度数据中温度的最小值 tMin 和最大值 tMax 后，将这个值放在图 5-26 所示表格的编码中如表 5-8 阴影部分所示，即完成了温度最小值、最大值的显示。

温度、湿度最小值最大值显示模块编码 　　　　　　　　　　表 5-8

```
<table style="width:99%" cellspacing="1" class="style6" align="center">
  <tr>
    <td style="width:8%" class="style10"> </td>
    <td style="width:33%" class="style10">最小值</td>
    <td style="width:33%" class="style10">最大值</td>
  </tr>
  <tr>
    <td style="width:8%" class="style9">温度</td>
    <td style="width:33%" class="style4"><% = tMin %></td>
    <td style="width:33%" class="style4"><% = tMax %></td>
  </tr>
  <tr>
    <td style="width:8%" class="style8">湿度</td>
    <td style="width:33%" class="style7"><% = hMin %></td>
    <td style="width:33%" class="style7"><% = hMax %></td>
  </tr>
</table>
```

5）湿度最大值最小值显示模块（humidityMinMaxDisplay）

与温度最大值最小值显示模块功能类似，湿度最大值最小值显示模块（humidityMin-MaxDisplay）负责从数据库 iotTech 的表格 iotData 中提取当前感知节点最近发送的 N 条数据（温度、湿度、采集时间）中湿度的最大值最小值，并同样在如图 5-26 示意的一张表格中显示。如图 5-27 所示的流程同样给出了所需湿度最小值、最大值的获取过程；在获取了全部最近 N 条温度、湿度数据中温度的最小值 tMin 和最大值 tMax 后，将这个值放在如图 5-27 所示表格的编码中如表 5-8 阴影粗斜体部分所示，即完成了温度最小值最大值的显示。

5.2.4　编码与效果

应用 temperatureHumidityInBuilding 是一个 B/S 架构的应用程序，全部程序由 temperatureHumidityInBuilding. jsp 和 right. jsp 两个 JSP 页面组成，其中 temperatureHumidityInBuilding. jsp 是应用的入口，是一个框架程序，right. jsp 由 temperatureHumidityInBuilding. jsp 载入，全部的数据处理与展示由 right. jsp 完成。right. jsp 被载入时使用的相对 URL 地址形如"right. jsp? current _ pNode＝YYYYYY"，其中 YYYYYY 的取值为当前感知节点的标识。若 right. jsp 初始被载入时，当前感知节点未确定，则设当前感知节点的标识为 iBuildingNONE，故使用相对 URL "right. jsp? current _ pNode＝iBuildingNONE"初始载入 right. jsp。right. jsp 的初始载入由 temperatureHumidityInBuilding. jsp 进行，非初始载入由 right. jsp 自身进行。right. jsp 的初始载入的编码参见附录 5.4.1。

当前感知节点标识 currentNodeID 以及数据量 N 是应用 temperatureHumidityInBuilding 数据访问需要设置的参数，设置这部分参数的 HTML 编码的生成代码、javaScript 的编码在 right. jsp 页面中。在详细设计部分，如图 5-21 所示的流程图给出了在 right. jsp 中设置当前感知节点标识 currentNodeID 以及数据量 N 这两个参数的流程，相应代码在表 5-9 中给出。表 5-9 给出的代码中，默认需要显示数据的数量 N 的取值为 10（如何设置为其他值在表单域构造代码中讨论）。需要再次强调的是，从 temperatureHumidityInBuilding. jsp 载入 right. jsp 时，参数 current _ pNode 的取值为 iBuildingNONE，不建议有感知节点的标识 currentNodeID 被赋值为 iBuildingNONE。

数据访问参数设置流程的实现代码 表 5-9

```
N = 10;//数据的数量
currentNodeID = request. getParameter("current_pNode");
if(currentNodeID = = null)currentNodeID = "";
currentNodeID = currentNodeID. trim();
if(currentNodeID. equals("iBuildingNONE")){
    sql_txt = "select nodeID from iotData group by nodeID order by nodeID asc";
    if(openDB())
  {
    rs = stmt. executeQuery(sql_txt);
    if(rs. next())
  {
      nodeID = rs. getString("nodeID");
      if(nodeID = = null)nodeID = "";
      nodeID = nodeID. trim();
      currentNodeID = nodeID;
    }
    closeDB();
  }
  else
    currentNodeID = "";
}
```

right. jsp 使用了如图 5-22 所示的表单与下拉表单实现了应用中当前感知节点标识 currentNodeID 以及数据量 N 的输入，而表 5-7 则对所使用表单 selectCurrentNode 以及表单内下拉菜单 nodeSelect 的 HTML 编码进行了示意。表单 selectCurrentNode 需要根据 iotData 数据表中出现的感知节点标识动态生成，具体的生成代码依据图 5-24 描述的流程在表 5-10 中给出。表 5-10 给出的 selectCurrentNode 表单编码的生成代码中，加粗斜体标记的 SQL 文 "*select nodeID from iotData group by nodeID order by nodeID asc*" 用于从数据表 iotData 的 nodeID 字段汇聚全部可以的感知节点标识。

selectCurrentNode 表单编码的生成代码 表 5-10

```
<form method = "post" name = "selectCurrentNode">
<span class = "style3">当前感知节点：</span>
  <select name = "nodeSelect" style = "width: 169px" onchange = "return selectOnchange()">
<%
  sql_txt = "select nodeID from iotData group by nodeID order by nodeID asc";
  if(openDB()){
      rs = stmt. executeQuery(sql_txt);
      while(rs. next())
    {
      nodeID = rs. getString("nodeID");
      if(nodeID = = null)nodeID = "";
      nodeID = nodeID. trim();
%>
<option<% if(currentNodeID. equals(nodeID)){%> selected = "selected"<%}%>><% = nodeID%></option>
```

续表

```
<!—以上加粗部分在同一行代码中,用于生成下拉菜单的一个表项–>
<%
        }
        closeDB();
    } else
    msg = "database server open error one";
%>
    </select></form>
```

表 5-10 给出的代码在生成 selectCurrentNode 表单时，没有生成表单提交时的 action 动作的编码。表单 selectCurrentNode 的提交时的 action 动作在下拉菜单 nodeSelect 的当前值发生变化时确定。在表 5-10 给出的代码中，下拉菜单 nodeSelect 的当前值发生变化时事件的处理函数是 javaScript 函数 selectOnchange( )，selectOnchange( ) 的流程在图 5-23 中给出，具体代码如表 5-11 中的 javaScript 代码所示。

下拉菜单当前值变化时的事件处理函数   表 5-11

```
function selectOnchange() {
    var abc =   selectCurrentNode. nodeSelect. value ;
    abc = "right. jsp? current_pNode = " + abc;
    selectCurrentNode. action = abc;
    selectCurrentNode. submit();
}
```

需要指出的是，如图 5-22 所示的 selectCurrentNode 表单中并没有提供数据量 N 的输入方式，相应地，表 5-9 中的数据访问参数设置流程的实现代码以及表 5-11 中的下拉菜单 nodeSelect 的当前值发生变化时事件的处理函数的实现代码中也没有相应的代码部分。如何通过在 selectCurrentNode 表单中以增加输入文本框的方式提供数据量 N 的用户指定途径，如何完善事件的处理函数 selectOnchange ( ) 以及表 5-9 中示意的数据访问参数设置流程的实现代码并不是件复杂的事情，留待读者自行完成。

right. jsp 将用户要求显示的 N 条数据以表格的形式展现，图 5-25 给出了温度湿度显示表格内容 HTML 编码的生成流程，相应地，表 5-12 给出了温度湿度显示表格内容 HTML 编码的生成代码。为了使表格相邻两行区分显著，表格奇、偶行显示内容时使用了不同的样式，这两种不同的样式主要区别在于背景颜色的不同，区分的效果可从图 5-28 中观察，代码的差异可以参见附录 5.4.2 right. jsp 的相关部分。

温度湿度显示表格内容编码的生成代码   表 5-12

```
<%
currentNodeID = currentNodeID. trim();
sql_txt = "select top " + String. valueOf(N) + " tempValue, humValue, collectedDate from iotData where nodeID ='";
sql_txt = sql_txt + currentNodeID + "' order by dataID desc";
if(openDB()){
    rs = stmt. executeQuery(sql_txt);
    loop = 0;
    while(rs. next()){
    tValue = rs. getString("tempValue");
    if(tValue = = null)tValue = "";
    tValue = tValue. trim();
```

```
hValue = rs. getString("humValue");
if(hValue = = null)hValue = "";
hValue = hValue. trim();
valueDate = rs. getString("collectedDate");
if(valueDate = = null)valueDate = "";
valueDate = valueDate. trim();
if(loop = = 0){
% >
  <tr>
      <td style = "width: 33 %" class = "style4"><% = tValue %></td>
      <td style = "width: 33 %" class = "style4"><% = hValue %></td>
      <td style = "width: 33 %" class = "style4"><% = valueDate %></td>
  </tr>
<%  loop = 1;} else{
% >
  <tr>
      <td style = "width: 33 %" class = "style7"><% = tValue %></td>
      <td style = "width: 33 %" class = "style7"><% = hValue %></td>
      <td style = "width: 33 %" class = "style7"><% = valueDate %></td>
  </tr>
<%  loop = 0;}
      }
  closeDB();
} else
  msg = "database server open error two";
% >
```

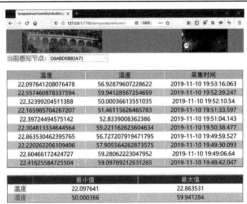

图 5-28　temperatureHumidityInBuilding 应用主界面

right. jsp 将用户要求显示的 N 条数据中温度与湿度的最小值最大值以表格的形式展现，图 5-27 描述了用户要求的全部数据中温度与湿度最小值最大值获取流程，其实现 JSP 代码在表 5-13 给出。表 5-13 给出的代码中，加粗、斜体部分的代码是为了优化处理逻辑，在获取温度、湿度的最大值最小值时：温度、湿度的最小值变量 tMin、hMin 被赋初值为不可思议的大值；温度、湿度的最大值变量 tMax、hMax 被赋初值为不可思议的小值。

温度与湿度最小值最大值获取流程　　　　　　　　　　　　　　　　**表 5-13**

```
<%
currentNodeID = currentNodeID. trim();
sql_txt = "select top " + String. valueOf(N) + " tempValue,humValue from iotData where nodeID ='";
sql_txt = sql_txt + currentNodeID +"'order by dataID desc";
```

```
if(openDB()){
    rs = stmt. executeQuery(sql_txt);
    tMax = -400;   //温度的最大值
    hMax = -400;//湿度的最大值
    tMin = 2000; //温度的最小值
    hMin = 2000;//湿度的最小值
    while(rs. next()){
    tTemp = rs. getFloat("tempValue");
    hTemp = rs. getFloat("humValue");
        if(tMax<tTemp)tMax = tTemp;
        if(tMin>tTemp)tMin = tTemp;
    if(hMax<hTemp)hMax = hTemp;
    if(hMin>hTemp)hMin = hTemp;
  }
    closeDB();
} else msg = "database server open error three";
%>
```

表 5-13 的代码被正确执行后，需要显示的温度、湿度的最小值、最大值分别被保存在变量 tMin、tMax、hMin、hMax 中，将这些变量嵌入到表 5-8 给出的温度、湿度最小值最大值显示模块编码中，在 Web 浏览器端，即可看到图 5-26 示意样式的温度湿度最小最大值展示效果。

right. jsp 完成编码、测试与部署后，使用客户端的 Web 浏览器访问 http://aaa. bbb. ccc. ddd：7788/temperatureHumidityInBuilding. jsp，即可看到如图 5-28 所示的 temperatureHumidityInBuilding 应用的主界面。图 5-28 中，aaa. bbb. ccc. ddd 取值为 127.0.0.1，这表明客户端与 Web 服务器在同一台机器上。根据部署的不同，aaa. bbb. ccc. ddd 可以是 Web 服务器的 IP 地址或者是域名。

5.3　部署与展望

5.3.1　应用的部署

temperatureHumidityInBuilding 是一个 B/S 架构的物联网应用，其程序文件由 temperatureHumidityInBuilding. jsp 和 right. jsp 两个 JSP 页面文件组成。为使应用 temperatureHumidityInBuilding 能够正确运行，需要按照如下步骤对应用进行部署。

1) 将 JSP 文件 temperatureHumidityInBuilding. jsp 和 right. jsp 复制到使用 7788 端口的 Web 服务的主文件夹。依据 5.1 节中在 tomcat 安装后对基于 tomcat 的 Web 服务器的配置，本书使用 7788 端口的 Web 服务的主文件夹为 D:\web\iot2014，故需要将 temperatureHumidityInBuilding. jsp 和 right. jsp 拷贝到文件夹 D:\web\iot2014 下。

2) 在使用 7788 端口的 Web 服务的主文件夹中创建文件夹 common，并将本书提供电子资源中 common. rar 解压后得到的 db. jsp 文件拷贝到新建立的 common 文件夹中。本书在实现 right. jsp 时，数据库操作相关函数与变量［如打开数据函数 openDB()、关闭数据库函数 closeDB()、游标变量 rs 等］都在 db. jsp 进行定义，并通过使用指令 "<%@ include file="/common/db. jsp"%>" 导入到 right. jsp 中。

3) 编辑使用 7788 端口的 Web 服务的主文件夹中 WEB-INF \ classes 文件夹中的文件

casper. properties，将 casper. properties 的最后四行修改为如下的形式：

　　db. access. url＝jdbc：sqlserver：//127. 0. 0. 1：1433；DatabaseName＝iotTech

　　db. access. maxconn＝0

　　db. access. user＝sa

　　db. access. password＝XXXXXX

上述修改设定 SQL Server2014 服务器安装在与 Web 服务器相同的机器中，数据库的名称为 iotTech，可以对数据库进行操作，用户的用户名为 sa，密码为 XXXXXX。实际修改中，127. 0. 0. 1 需要用 SQL Server2014 服务器安装机器的 IP 地址替代，用户名和密码也要用实际的用户名和密码替代。

5.3.2　展望

　　应用 temperatureHumidityInBuilding 在设计与实现时仅仅考虑了对数据展示基本功能的实现，可以在完善需求分析的基础上，进一步完善该应用。读者通过该应用的主动完善，可以进一步巩固对专业知识的理解，也可以通过实践，全面提升专业知识的综合运用能力。

　　1）增加访问授权管理功能

　　事实上，在应用 temperatureHumidityInBuilding 部署完成且其使用的 http 接入端口为 7788 的 Web 服务器以及相应数据库服务器正常服务时，在客户端使用 Web 浏览器打开 http：//127. 0. 0. 1:7788/right. jsp，浏览器上显示内容如图 5-29 所示，而在更改了当前感知节点标识后，浏览器上显示内容如图 5-30 所示。同时，Web 浏览器显示了如图 5-31 所示的页面，在 Web 浏览器的地址栏，可以直接查看到 URL 地址为 http：//127. 0. 0. 1:7788/right. jsp? current _ pNode＝D0ABD5BB3A71。

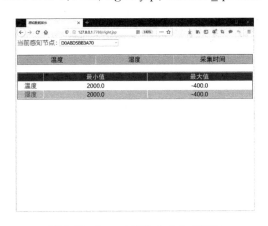

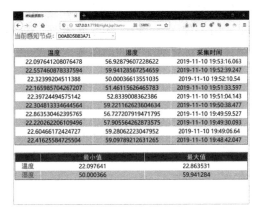

图 5-29　http：//127. 0. 0. 1：7788/ right. jsp 用户界面（初次）

图 5-30　http：//127. 0. 0. 1：7788/right. jsp 用户界面（当前感知节点变化后）

　　虽然应用 temperatureHumidityInBuilding 需求分析中要求的访问 URL 是 http：//127. 0. 0. 1：7788/temperatureHumidityInBuilding. jsp，但是以 http：//127. 0. 0. 1：7788/right. jsp 为 URL 也能够访问该应用，暴露了应用 temperatureHumidityInBuilding 在设计上的不足，而且，URL 地址 http：//127. 0. 0. 1：7788/right. jsp? current _ pNode＝D0ABD5BB3A71 中参数 current _ pNode＝D0ABD5BB3A71 的显示更增加了将应用的数

据处理逻辑暴露在终端用户眼前的风险。

为提升应用系统的安全性，可以在完善应用需求分析的基础上增加访问授权管理功能，使得应用的访问入口唯一，并且在 Web 浏览器的地址栏中不暴露更多的程序处理逻辑的细节。如果需要，还可以通过用户授权的方式实现只有授权用户才能够访问该应用，进一步，如果终端用户试图以访问 right. jsp 的方式访问应用时，在 right. jsp 中检查授权，没有被授权的访问被强制重新定向到应用的唯一访问入口。

2）直接将数据库打开与关闭相关代码嵌入到 right. jsp

应用 temperatureHumidityInBuilding 在实现数据库访问相关操作时，将打开数据库操作、关闭数据库操作、数据库访问相关游标封装在 Web 应用主文件下 WEB-INF\lib 文件夹中的 casper. jar、casperx. jar 中，并在 Web 应用主文件下 common 文件夹中的 db. jsp 定义了数据库操作访问的接口。通过配置 WEB-INF\classes 文件夹中的 casper. properties 数据库访问参数，right. jsp 可以简洁地对目标数据库进行访问。但这种方式模式不是唯一的方式，对初学者而言，可以在 right. jsp 中直接嵌入数据库打开与关闭以及相关游标的代码，这样可以有助于更好地理解基于 JDBC 访问数据库的基本原理。

3）使用存储过程

已经实现的 temperatureHumidityInBuilding 应用中，数据的处理都在 JSP 页面中进行，这种数据处理模式一方面在加重了 Web 服务器的负担的同时，还增加了数据库服务器向 Web 服务器传输数据的负载。可以在数据库中使用存储功能在数据库服务器端进行数据处理，这样不仅可以减轻 Web 服务器的计算负担，还可以减轻数据库服务器向 Web 服务器传输数据的负载。

4）图形化显示及其他

已经实现的 temperatureHumidityInBuilding 应用将相关数据以表格形式进行了展示。可以使用 JavaSciprt 控件进行更优美直观的图形化方式展示。同时，还可以使用更丰富的 CSS 样式，优化显示界面的效果。

5.4 附 录

5.4.1 temperatureHumidityInBuilding. jsp

```
<%@ page import = "java. sql. * ,java. util. * ,javax. servlet. ServletContext" %>
<%@ include file = "/common/db. jsp" %>
<%@ page contentType = "text/html;charset = GBK" %>
<html>
<head>
<meta http-equiv = "Content-Type" content = "text/html; charset = utf-8">
<title>temperatureHumidityInBuildingEntrance</title>
</head>
<frameset rows = "68, *" framespacing = "0" border = "0" frameborder = "0">
    <frame name = "header" scrolling = "no" noresize = "noresize" target = "main"
src = "top. html" >
```

```
    <frame name = "main" src = "right. jsp? current_pNode = iBuildingNONE"  scroll-
ing = "auto" target = "_self">
    <! --以上一行 frame 编码实现了 right. jsp 的初次载入。-->
    <noframes>
    <body>
    <p>此网页使用了框架,但您的浏览器不支持框架。</p>
    </body>
    </noframes>
</frameset>
</html>
```

5.4.2 right.jsp

```
<%@ page import = "java. sql. * ,java. util. * ,javax. servlet. ServletContext" %>
<%@ include file = "/common/db. jsp" %>
<%@ page contentType = "text/html;charset = GBK" %>


<%!
String sql_txt,msg,nodeID,currentNodeID;
String tValue,hValue,valueDate;
int loop;
int N;
float tMax,hMax,tMin,hMin,tTemp,hTemp;
%>
<%
response. setDateHeader("Expires", 0);
request. setCharacterEncoding("GBK");
currentNodeID = request. getParameter("current_pNode");
if(currentNodeID = = null)currentNodeID = "";
currentNodeID = currentNodeID. trim();

if(currentNodeID. equals("iBuildingNONE")){
    sql_txt = "select nodeID from iotData group by nodeID order by nodeID asc";
    if(openDB())
    {
        rs = stmt. executeQuery(sql_txt);
        if(rs. next())
        {nodeID = rs. getString("nodeID");
        if(nodeID = = null)nodeID = "";
        nodeID = nodeID. trim();
        currentNodeID = nodeID;
```

```
        }
        closeDB();
    }
    else
        currentNodeID = "";
}
N = 10;
%>
<! DOCTYPE html PUBLIC "-//W3C//DTD XHTML 1.0 Transitional//EN "" http://
www.w3.org/TR/xhtml1/DTD/xhtml1-transitional.dtd">
<html xmlns = "http://www.w3.org/1999/xhtml">
<head>
<meta http-equiv = "Content-Type" content = "text/html; charset = utf-8" />
<title>感知数据展示</title>
<SCRIPT ID = clientEventHandlersJS LANGUAGE = javascript>
<! --
alert(currentNodeID);

function selectOnchange() {
    var abc =   selectCurrentNode. nodeSelect. value ;
        abc = "right. jsp? current_pNode = " + abc;
        selectCurrentNode. action = abc;
        selectCurrentNode. submit();
}
//-->
</SCRIPT>
<base target = "_self" />
<style type = "text/css">
.style3 {
    font-family:幼圆;
    font-size: large;
    color: #FF0000;
}
.style4 {
    text-align: center;
    border-width: 1px;
}
    .style5 {
            text-align: center;
```

```
        font-family:黑体;
        font-size: large;
        border-width: 1px;
        background-color: #C0C0C0;
}
.style6 {
        border-style: solid;
        border-width: 1px;
}
.style7 {
        text-align: center;
        border-width: 1px;
        background-color: #CCCCCC;
}
.style8 {
        text-align: center;
        border-width: 1px;
        background-color: #CCCCCC;
        font-family:黑体;
        font-size: large;
        color: #008000;
}
.style9 {
        text-align: center;
        border-width: 1px;
        font-family:黑体;
        font-size: large;
        color: #008000;
}
.style10 {
        text-align: center;
        font-family:黑体;
        font-size: large;
        border-width: 1px;
        background-color: #800080;
        color: #FFFF00;
}
</style>
</head>
```

```
<body style = "margin: 0; background-color: #FFFFFF">
<table style = "width: 100%">
    <tr>
        <td  style = "width: 100%">
        <form method = "post" name = "selectCurrentNode">
<span class = "style3">当前感知节点:</span>
        <select name = "nodeSelect" style = "width: 169px" onchange = "return selectOn-
change()">
<%
    sql_txt = "select nodeID from iotData group by nodeID order by nodeID asc";
    if(openDB()){
        rs = stmt. executeQuery(sql_txt);
        while(rs. next())
        {nodeID = rs. getString("nodeID");
        if(nodeID = = null)nodeID = "";
        nodeID = nodeID. trim();
%>
<option<% if(currentNodeID. equals(nodeID)){ %>selected = "selected"<% } %>
><% = nodeID %></option>
<%
        }
        closeDB();
    } else
    msg = "database server open error one";
%>
        </select></form>
            </td>
        </tr>
</table>
<br>
<! --以下是温度、湿度数据先使用表格的头部。-->
<table style = "width: 99%" cellspacing = "1" class = "style6" align = "center">
    <tr>
        <td style = "width: 33%" class = "style5">温度</td>
        <td style = "width: 33%" class = "style5">湿度</td>
        <td style = "width: 33%" class = "style5">采集时间</td>
    </tr>
<! --以上是温度、湿度数据先使用表格的头部。-->
<%
```

```
currentNodeID = currentNodeID. trim();
sql_txt = "select top " + String. valueOf(N) + " tempValue, humValue, collectedDate
from iotData where nodeID ='";
sql_txt = sql_txt + currentNodeID +"' order by dataID desc";
if(openDB()){
    rs = stmt. executeQuery(sql_txt);
    loop = 0;
    while(rs. next()){
    tValue = rs. getString("tempValue");
    if(tValue = = null)tValue = "";
    tValue = tValue. trim();
    hValue = rs. getString("humValue");
    if(hValue = = null)hValue = "";
    hValue = hValue. trim();
    valueDate = rs. getString("collectedDate");
    if(valueDate = = null)valueDate = "";
    valueDate = valueDate. trim();
    if(loop = = 0){
%>
    <tr>
        <td style = "width: 33 % " class = "style4"><% = tValue %></td>
        <td style = "width: 33 % " class = "style4"><% = hValue %></td>
        <td style = "width: 33 % " class = "style4"><% = valueDate %></td>
    </tr>
<% loop = 1;} else{
%>
    <tr>
        <td style = "width: 33 % " class = "style7"><% = tValue %></td>
        <td style = "width: 33 % " class = "style7"><% = hValue %></td>
        <td style = "width: 33 % " class = "style7"><% = valueDate %></td>
    </tr>
<% loop = 0;}
    }
    closeDB();
} else
    msg = "database server open error two";
%>
</table>
<br>
```

```
< %
currentNodeID = currentNodeID. trim();
sql_txt = "select top " + String. valueOf(N) + " tempValue, humValue from iotData
where nodeID ='";
sql_txt = sql_txt + currentNodeID +"' order by dataID desc";
if(openDB()){
    rs = stmt. executeQuery(sql_txt);
    tMax = - 400;
    hMax = - 400;
    tMin = 2000;
    hMin = 2000;
    while(rs. next()){
            tTemp = rs. getFloat("tempValue");
            hTemp = rs. getFloat("humValue");
            if(tMax<tTemp)tMax = tTemp;
            if(tMin>tTemp)tMin = tTemp;
            if(hMax<hTemp)hMax = hTemp;
            if(hMin>hTemp)hMin = hTemp;
    }
    closeDB();
} else msg = "database server open error three";
%>
<table style = "width: 99 %" cellspacing = "1" class = "style6" align = "center">
    <tr>
      <td style = "width: 8 %" class = "style10"> </td>
      <td style = "width: 33 %" class = "style10">最小值</td>
      <td style = "width: 33 %" class = "style10">最大值</td>
    </tr>
    <tr>
      <td style = "width: 8 %" class = "style9">温度</td>
      <td style = "width: 33 %" class = "style4"><% = tMin %></td>
      <td style = "width: 33 %" class = "style4"><% = tMax %></td>
    </tr>
    <tr>
      <td style = "width: 8 %" class = "style8">湿度</td>
      <td style = "width: 33 %" class = "style7"><% = hMin %></td>
      <td style = "width: 33 %" class = "style7"><% = hMax %></td>
    </tr>
    </table>
```

```
</body>
</html>
```

<h2 align="center">思　考　题</h2>

1. 什么是 B/S 架构？B/S 架构与 C/S 架构相比，优点有哪些？

2. JAVA 运行环境设置时候，设置 JAVA_HOME、Path、CLASSPATH 等环境变量的作用是什么？

3. Apache ＋ Tomcat 作为 JSP Web 服务器解决方案时，Apache 和 Tomcat 的作用分别是什么？

4. HTML 文档是什么？XLM 文档呢？

5. 什么是 JSP？什么是 JavaScript？

6. 如何在 SQL Server 中创建 iotTech 数据库的数据表格 iotData？在 MySQL 中呢？

7. B/S 架构的物联网应用 temperatureHumidityInBuilding 是如何部署的？

附 录

· Arduino IDE 开发环境下载

Arduino 官方网站   https：//www. arduino. cc

Arduino 中文社区   https：//www. arduino. cn/

· JDK 下载

Java SE Downloads 入口地址：

    https：//www. oracle. com/technetwork/java/javase/downloads/index. html

jdk-13. 0. 1 _ windows-x64 _ bin. exe：

    https：//www. oracle. com/technetwork/java/javase/downloads/jdk13-down-loads-5672538. html

· Tomcat 安装包下载

Tomcat 官方网站   https：//tomcat. apache. org

参 考 文 献

[1] 陆可人. 房屋建筑学与城市规划导论［M］. 南京：东南大学出版社，2002.

[2] Robert C，Elsenpeter，Toby J. Velte. Build your own smart home［M］. McGraw-Hill/Osborne，2003.

[3] 住房和城乡建设部. GB 50314—2015 智能建筑设计标准［S］. 北京：中国计划出版社，2015.

[4] 郭理桥. 智慧城市导论［M］. 北京：中信出版社，2015.

[5] 王志良. 物联网工程导论［M］. 成都：电子科技大学出版社，2016.

[6] 吴功宜. 物联网工程导论（第二版）［M］. 北京：机械工业出版社，2019.

[7] 付蔚. 家居物联网技术开发与实践［M］. 北京：北京大学出版社，2013.

[8] 顾金龙. 城市消防物联网研究与应用展望［M］. 上海：上海科学技术出版社，2015.

[9] 刘修文. 物联网技术应用—智慧校园［M］. 北京：机械工业出版社，2019.

[10] 吴曼青. 物联网与公共安全［M］. 北京：电子工业出版社，2012.

[11] 王志良. 物联网现在与未来［M］. 北京：机械工业出版社，2010.

[12] 高泽华. 物联网—体系结构、协议标准与无线通信［M］. 北京：清华大学出版社，2020.

[13] 刘云浩. 物联网导论［M］. 北京：科学出版社，2011.

[14] 许毅. RFID 原理与应用［M］. 北京：清华大学出版社，2013.

[15] 孙利民等. 无线传感器网络［M］. 北京：清华大学出版社，2005.

[16] 李士宁. 传感网原理与技术［M］. 北京：机械工业出版社，2014.

[17] 张晓林. 嵌入式系统技术［M］. 北京：高等教育出版社，2008.

[18] 袁家政. 定位技术理论与方法［M］. 北京：电子工业出版社，2016.

[19] 房华. NB-IoT/LoRa 窄带物联网技术［M］. 北京：机械工业出版社，2019.

[20] 王映民. 5G 移动通信系统设计与标准详解［M］. 北京：人民邮电出版社，2020.

[21] 江林华. 5G 物联网及 NB-IoT 技术详解［M］. 北京：电子工业出版社，2018.

[22] Micbael Margolis 著. Arduino 权威指南（第二版）［M］. 杨昆云译. 北京：人民邮电出版社，2015.

[23] Steven F. Barrett 著. Arduino 高级开发权威指南（第二版）［M］. 潘鑫磊译. 北京：机械工业出版社，2014.

[24] Simon Monk 著. Arduino＋Android 互动智作［M］. 唐乐译. 北京：科学出版社，2013.

[25] McRoberts M. Arduino 从基础到实践［M］. 杨继志，郭敬译. 北京：电子工业出版社，2013.

[26] 陈吕洲. ARDUINO 程序设计基础［M］. 北京：北京航空航天大学出版社，2014.

[27] 于欣龙. 爱上 Arduino［M］. 北京：人民邮电出版社，2011.

[28] John BOXALL 著. 动手玩转 Arduino［M］. 翁恺译. 北京：人民邮电出版社，2014.

[29] Gordon McComb 著. Arduino 机器人制作指南［M］. 唐乐译. 北京：科学出版社，2014.

[30] 于欣龙. Arduino 机器人权威指南［M］. 北京：电子工业出版社，2014.

[31] Micbael Margolis 著. Arduino 权威指南（第二版）［M］. 杨昆云译. 北京：人民邮电出版社，2015.

[32] Simon Monk 著. Arduino＋Android 互动智作［M］. 唐乐译. 北京：科学出版社，2013.

[33] McRoberts，M. Arduino 从基础到实践［M］. 杨继志，郭敬译. 北京：电子工业出版社，2013.

[34] 陈吕洲. ARDUINO 程序设计基础［M］. 北京：北京航空航天大学出版社，2014.

［35］ Gordon McComb 著. Arduino 机器人制作指南 ［M］. 唐乐译. 北京：科学出版社，2014.

［36］ 王立平著. SQL Server 2014 从入门到精通 ［M］. 北京：清华大学出版社，2016.

［37］ 钱冬云. SQL Server 2014 数据库应用技术 ［M］. 北京：清华大学出版社，2017.

［38］ 田景熙. 物联网概论 ［M］. 南京：东南大学出版社，2010.

［39］ 张凯. 物联网软件工程 ［M］. 北京：清华大学出版社，2014.

［40］ 李金祥. 物联网应用开发 ［M］. 北京：电子工业出版社，2014.

［41］ 周雯. Java 物联网程序设计基础 ［M］. 北京：机械工业出版社，2016.

［42］ 方粮. 海量数据存储 ［M］. 北京：机械工业出版社，2016.

［43］ 汪中夏. RAID 数据恢复技术揭秘 ［M］. 北京：清华大学出版社，2010.

［44］ 曙光信息产业股份有限公司. 曙光 RAID 卡固件升级指导书 ［EB/OL］，https：//www. sugon. com/download/lists? zl＝1＆key＝RAID，2019.6.

［45］ 汤小丹. 计算机操作系统（第四版）［M］. 西安：西安电子科技大学出版社，2014.

［46］ 孙丽丽. 网络存储与虚拟化技术 ［M］. 北京：北京航空航天大学出版社，2013.

［47］ 赵守香. 大数据分析与应用 ［M］. 北京：航空工业出版社，2015.

［48］ 李冬. 网络存储技术及应用 ［M］. 北京：电子工业出版社，2015.

［49］ Tom Clark 著. 存储区域网络设计 ［M］. 邓劲生译. 北京：电子工业出版社，2005.

［50］ Marc Farley 著. SAN 存储区域网络 ［M］. 孙功星，将文保译. 北京：机械工业出版社，2002.

［51］ 孙卫琴. Tomcat 与 Java Web 开发技术详解（第二版）［M］. 北京：电子工业出版社，2009.

［52］ 任泰明. 基于 B/S 结构的软件开发技术 ［M］. 成都：电子科技大学出版社，2006.

［53］ 刘光瑞. Tomcat 架构解析 ［M］. 北京：人民邮电出版社，2017.

［54］ 刘继承. Java 8 程序设计及实验 ［M］. 北京：清华大学出版社，2018.

［55］ 钱冬云. SQL Server 2014 数据库应用技术 ［M］. 北京：清华大学出版社，2017.

［56］ 张凯. 物联网软件工程 ［M］. 北京：清华大学出版社，2014.

［57］ 李金祥. 物联网应用开发 ［M］. 北京：电子工业出版社，2014.

［58］ 周雯. Java 物联网程序设计基础 ［M］. 北京：机械工业出版社，2016.